陕西出版资金资助项目

《关中水道记》校释

〔清〕孙冯翼　撰　李荣华　校释

西北农林科技大学出版社
·杨凌·

图书在版编目(CIP)数据

《关中水道记》校释/(清)孙冯翼撰；李荣华校释. — 杨凌：西北农林科技大学出版社，2021.11
ISBN 978-7-5683-1039-0

Ⅰ.①关… Ⅱ.①孙… ②李… Ⅲ.①水利史-陕西-清代-史料 Ⅳ.①TV-092

中国版本图书馆 CIP 数据核字(2021)第 228413 号

《关中水道记》校释

(清)孙冯翼　撰　李荣华　校释

出版发行	西北农林科技大学出版社		
地　　址	陕西杨凌杨武路3号	邮　编	712100
电　　话	总编室：029-87093195	发行部	029-87093302
电子邮箱	press0809@163.com		
印　　刷	陕西森奥印务有限公司		
版　　次	2021年11月第1版		
印　　次	2022年5月第1次印刷		
开　　本	787 mm×1092 mm　1/16		
印　　张	8.75		
字　　数	160千字		

ISBN 978-7-5683-1039-0

定价：48.00元

本书如有印装质量问题，请与本社联系

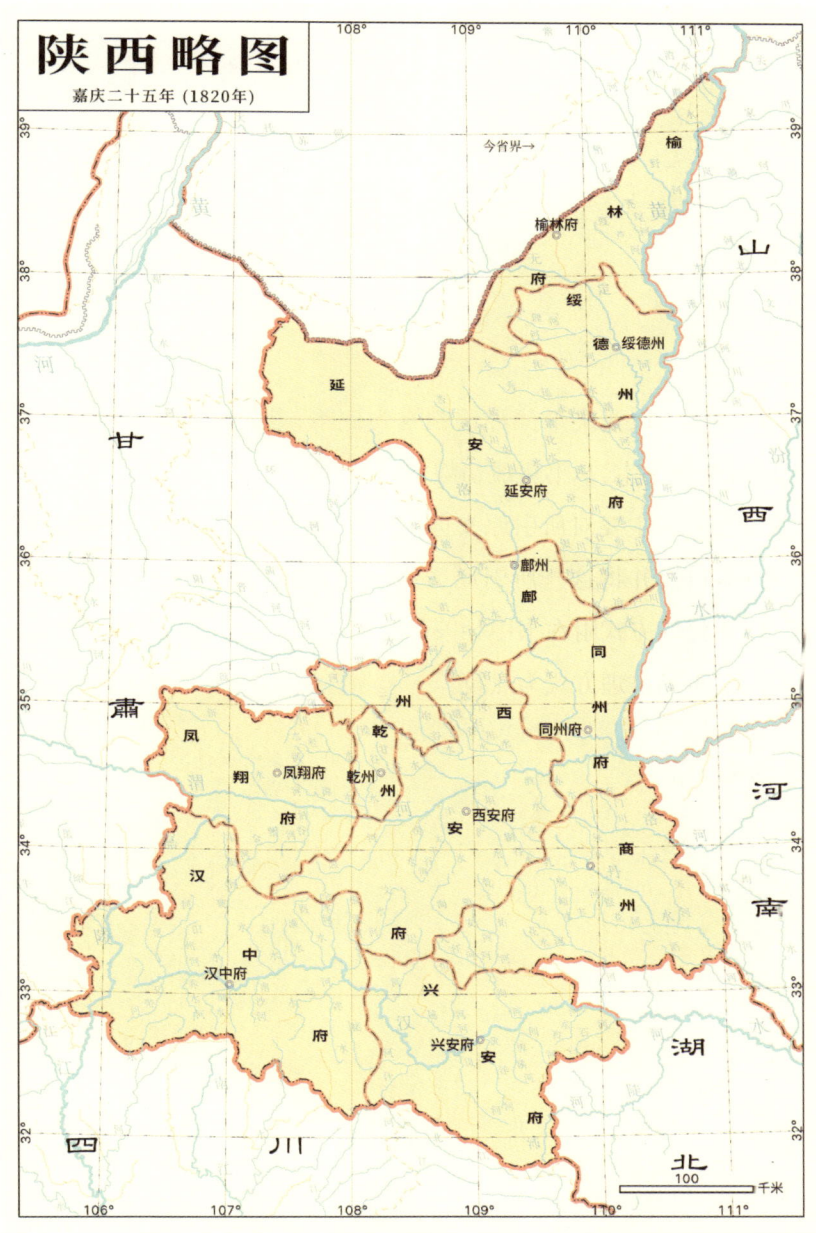

本图依据谭其骧《中国历史地图集》（第八册）中陕西行政区域图改绘

凡　例

一、本书以嘉庆承德孙氏刻本为底本,参以问经堂丛书本、问影楼舆地丛书本、丛书集成初编本等进行整理。

二、本书主要对所引原文进行校勘,所依据的主要为当今整理出版的古籍,并将这些所引原文从已出版的古籍中完整地摘录出来,以注释的方式附在书中相关部分。

三、本书整理方式为点校。

前 言

我们通常所说的关中,指渭河平原,也就是八百里秦川。历史时期关中的地域范围有着不同的说法,有人说它是在"四关"之中,有人说它是在"两关"之间。所谓"四关",说法也不尽一致,有的认为是东函谷、南武关、西散关、北萧关,有的认为是西陇关、东函谷关、南武关、北临晋关、西南散关。所谓"两关"之间,一说是函谷关与散关之间,另一说是函谷关与陇关之间。无论是"四关"说还是"两关"之间说,关中是位于函谷关以西。王子今在研究秦汉时期关中地域时,认为司马迁笔下的关中有多种界定。第一种即我们今天所认可的渭河平原;第二种为秦岭以北的秦地,包括今天的陕北地区;第三种为包括巴蜀在内的"殽函"以西的西部地区[以上参见王子今《秦汉区域地理学中的"大关中"概念》,《人文杂志》(2003年第1期)]。在清代,还有一种关中的界定,即把陕西等同关中。毕沅编撰的《关中胜迹图志》把乾隆时期陕西府州纳入到关中的范围中,具体有西安府、同州府、凤翔府、汉中府、延安府、榆林府、商州、乾州、邠州、兴安州、鄜州、绥德州等。可能受此影响,孙冯翼于嘉庆年间编撰的《关中水道记》记录了陕西地区包括陕北、关中和陕南在内的主要水系。因而《关中水道记》虽以关中命名,但着眼于整个陕西。

水道,抑或称之为河流,在历史地理和生态环境史研究中十分重要。宋代学者郑樵于《通志·地理略》中指出,"水者,地之脉络也。水道明而凡邦国都鄙之星罗绣错者,因此别焉。"编撰水道著作,备受古代学者的重视,成为中国的传统学术活动之一。清代,随着地理学的发展与史学思想的转变,水道著作的撰写蔚然成风,成果十分丰富,如齐召南《水道提纲》、徐松《西域水道记》、李诚《云南水道考》、蒋子潇《江西水道考》等。孙冯翼《关中水道记》作为区域水道专著之一,是在这一学术风气的影响下完成的。

《关中水道记》按照陕北、关中和陕南区域划分,分别叙述了这些区域内部水系的分布及具体走向。可以说,它是把区域环境与水系分布紧密结合起来。该书分为四卷:卷一记载了陕北地区的主要水系,以河水、屈野川水、圁水、诸次水、生水、帝原水、走马水、辱水、区水、黑水、蒲水、畅谷水、湛水、徐水、邻水、灌水为主;卷二和卷三记载了关中地区的主要水系,其中卷二以洛水、华池水、滤水、白水、泾水、芮水、罗川水、梁渠川、汎水、七里川、甘水为主;卷三以渭水、汧水、斜水、雍水、漆水、杜水、涝水、丰水、镐水、滈水、霸水、浐水、沮水、冶谷水、浊谷水、禹水为主;卷四记载了陕南地区的主要水系,以西汉水、故道水、浊水、北谷水、东汉水、沮水、褒水、洋水、月川水、间谷水、旬水、甲水、洛水、武里水、丹水、清池水、楚水为主。孙冯翼在梳理历代学者研究成果的基础上,对每一条水系的分布变迁情况进行了详细的考证,为我们提供了研究陕西历史地理和生态环境变迁的重要史料。

本书为陕西省出版基金资助项目。另外,本书还得到"西北农林科技大学西部发展研究院定向委托项目《黄土高原水土保持体系的历史演变及当代价值研究》",以及"西北农林科技大学基本科研业务费人文社科重点培育项目《水土保持史料的搜集、整理与研究》"的经费支持。由于本人历史地理知识有限,因而该书的整理本存在着诸多不足,还请各位读者海涵。

李荣华

2021 年 9 月 30 日

目录

〔关中水道记〕卷一

3 河水
8 屈野川水
9 圁水　秃尾河
10 诸次水　茹芦水
11 生水　奢延水　朔水
14 帝原水　西河
15 走马水　怀宁河
16 辱水　秀延水　吐延川
18 区水　清水　去斤水　延水
21 黑水　康利川　汾川水
22 蒲水　银川　丹阳川
24 畅谷水　盘水
24 浥水　濩水
26 徐水　桥头河
27 邰水
27 灌水　通谷水　潼水

〔关中水道记〕卷二

31 洛水　漆沮
38 华池水　罗川水　蒲萄河
39 滤水　寇家河
41 白水
42 泾水
45 芮水　宜禄川　黑水河
　　　赤城川　后川河
46 罗川水　敷修川
47 梁渠川
48 汎水　潘水　师水　县河
48 七里川
49 甘水

〔关中水道记〕卷三

- 53　渭水
- 67　汧水
- 69　斜水
- 70　雍水
- 71　漆水
- 73　杜水
- 74　涝水
- 76　丰水
- 78　镐水
- 80　潏水
- 82　霸水
- 84　浐水
- 86　沮水
- 91　冶谷水
- 92　浊谷水
- 93　禺水

〔关中水道记〕卷四

- 97　西汉水
- 100　故道水
- 101　浊水
- 102　北谷水
- 103　东汉水
- 113　沮水
- 114　褒水
- 115　洋水
- 116　月川水
- 117　阆谷水
- 118　旬水
- 119　甲水
- 121　洛水
- 125　武里水
- 125　丹水
- 127　清池水
- 128　楚水

参考文献　129

关中水道记

河　水

　　河水，自塞外东流至废胜州西，屈南入塞，迳陕西榆林府府谷县东。《水经》："河水东过云中桢陵县南，又东过沙南县北，从县东屈南，过沙陵县西。"[1]即于此也。汉沙南境，在今县东北，唐置河滨县。《元和郡县志》："河滨县，黄河在县东一十五步，阔一里，不通船楫，即河滨关是矣。"[2]河水又南，河东则山西河曲县也。黄甫川水，东南注之，水自塞外牛武城南流，迳黄甫营边墙入口，又南入于河。河水又南，清水川东南注之，水自塞外野麻湾迳清水营边墙入口，右合石山水沟水，又东南迳塔儿山西入于河。按，《通典》："榆林有金河，紫塞河自马邑郡善阳县界流入。"[3]唐榆林境胜州在今县北，则清水即金河，石子沟水疑亦紫塞河也。河水又南，河东则山西保德州也。孤山水南注之，水出塞外，九河合流，又南入塞，右合桑沟水。孤山水又东南，左合木瓜河水，水亦出塞外，南流迳木瓜园西，又南入于孤山水。河水又西南，右得石马川水，又西南迳神木县东南，屈野川水自塞外来注之，《元丰九域志》："连谷、银城二县，皆有屈野川者也。"[4]河水又南，入葭州界。弥勒河水自神木县来，东注之，南宋置弥勒砦于此，水受其名矣。河水又南，圁水东注之，今谓之秃尾河也。河水又南，宁河水东南注之。按，《山海经》："号山，端水出焉，而东流注于河。"[5]《水经注》以为在此。[6]今水出州北八十里王元沟，南流，左合宁河寨水，历山谷中，迳州境北入于河也。河水又南，迳州境东，河东则山西临县也。诸次水自榆林县来东南入之，其水亦名茹芦水也。河水又南，右得神泉水，水在州西十五里。河水又东，乌河水东入之，水出州西六十里。河水又南，汤水东注之，俗称黑水坑者也，水出绥德州米脂县桃花峁，行数十里，其水落于厓下为深涪黑色，至州南入河。按，

《关中水道记》校释

《山海经》:"上申之山,上无草木而多硌石,下多榛枯,汤水出焉,东流注于河。"[7]《水经注》以为在此,[8]则米脂县北诸山当即上申山,俗有白云山、冯家山之目也。河水又南,入绥德州吴堡县界,河东则山西永宁州也。又南,水滩沟水东注之,水在县北十里,二泉交流入河水。河水又南,迳县境东,相公泉水东注之。河水又南,落杨沟水东注之,次南,马跑泉水出县西北二十五里,南流,东注之。俗云,宋将杨满堂经此,马渴泉出,因以名焉,其水清冷,亦名清河也。河水又南,迳绥德州东,又南迳清涧县界,生水东南注之,《水经注》谓之奢延水[9],唐为之无定河也。《水经注》:"河水又南迳离石县西,奢延水注之。"[10]今永宁州即离石境也。河水又南,河东则山西石楼县也,又南,迳延安府延川县东,河东则山西永和县也,辱水自安塞县来,东入焉。《水经注》:"河水右纳辱水,俗谓之秀延水者也。"[11]河水又南,入宜川县界区,水自安塞县来东注之。《水经注》:"高奴县河水右会区水,世谓之清水。"[12]今俗谓之濯斤河也。河水又经石槽,《元和郡县志》:"河岸顿狭,状似槽形,人呼为石槽,盖禹凿石导流之处。"[13]今俗名为石漕也。河水又迳孟门山,《水经注》:"孟门即龙山之上口是也。"[14]案,《山海经》称凌门之山,河出其中[15],即谓此矣。凌龙声相近,所谓龙门,道元疑《山海经》所言为域外之山,[16]何其谬也。黑水自甘泉县来东注之,《水经注》:"河水又南,合黑水。"[17]黑水东南流,右会定水,《元和郡县志》之库利川也[18],今俗谓之洛川水。河水又南,河东则山西吉州也,蒲川水合丹阳川北注之,《水经注》之蒲水,[19]今俗谓之仕望川也。河水又南,白水注之。《水经注》:"河水又南合蒲水,又南,丹水东北会白水口,丹水又东北入于河。"[20]是亦与丹水通流也。河水又南,河清川水东北注之,水出同州府韩城县朱砂岭,案,《水经注》:"河水于此有黑水,出丹山东而东北入河。"[21]疑即此水也,其水清澈,未详黑水之目矣。河水又南,入同州府韩城县,冶户川东注之,《水经注》:河水又南至崿谷傍,河水又南,洛水自猎山枝分东派,东南注于河。昔魏文侯筑馆河阴,指谓是也。[22]今冶户川疑即是水也。《水经注》云是洛水枝分,所未详矣,今俗谓此水为错开河,云伯鲧治河,不由水性,是有其名,其类齐东之语矣。河水又南,河东则山西河津县也。畅水出县西北,朱沙岭东注之,《水经注》:"右合畅谷水。"[23]即于此也,今俗谓之盘水。河水又南,迳县境东,河东则山西荣河县也,南谷水东注之,水出县西北苏山也。河水又南,湨水东入之,《水经注》谓之崌谷水,[24]《太平寰宇记》谓之崌谷水也。[25]河水又南,入郃阳县界。百良河水东南注之,水出县北新庄村也。河水又南,河东则山西临晋县也。徐水出梁山,东南注之,俗名桥头河也。河水又迳子夏石室东,俗谓之飞浮山,案,《金史·地理志》则谓之非山也。[26]河水又南,刳首水出焉,《春秋传》:"秦败晋于令狐至于刳首。"[27]《通典》郃阳有刳水。[28]《太平寰宇记》亦名郃阳有刳首坑也,[29]刳首水又名阳班湫,《唐书·地理志》言贞元四年堰刳谷水成矣[30]。河水又南,入朝邑县界,河东则山西蒲州也。郃水自郃阳来,东南注之,水亦瀵水也。河水又南,迳县境东,河东则山西永济县也,又南与洛水会,又迳华阴县东北。渭水西来之,河水于此亦名杨盱,竹书《穆天子传》称天子西征,骛行,至于杨纡之山,河伯冯夷之所居都。[31]《淮南子》:"禹以身解于杨盱之汗。高诱曰:杨盱河在秦地。"[32]《山海经》:"中极之渊深三百仞,惟冯夷都焉。"[33]张守节按《鱼龙河图》亦云:"冯夷华阴潼乡堤首人,河伯之都在此矣。"[34]县故有祠,《封禅书》云:"河祠临晋。"[35]《括地志》云:"大河祠在同州朝邑县南三十里。"[36]祠于魏大统中,又立四渎祠于庙廷,周天和中宇文护于此建碑,唐封灵源公者也,今遗基存焉。河水又南,屈东入潼关厅界,杨家河水注之。河水又东,迳厅境北,灌水北来注之。《述征记》谓之潼谷水,[37]《元和郡县志》又谓之潼水也,[38]《山海经》言此水入渭,[39]今入河。盖潼关华阴河渭之会,互得通称矣。河水又东,源望沟水北注之,水出刘果山也。河水又经黄巷坂北,潘岳《西征赋》:"沂黄巷以济潼。"[40]在此矣。《水经注》言历北出东崤,通谓之函谷关也[41]。自坂以西南,则皆桃林之数,本夸父之连麓矣。河水又东,入河南阌乡县界,迳河南、山东、江南三省,又北出于海。

《关中水道记》校释

[1]《水经·河水》载:(河水)又东过云中桢陵县南,又东过沙南县北,从县东屈南,过沙陵县西。

[2]《元和郡县图志》卷四《关内道四》载:河滨县,本汉沙南县地,属云中郡。……黄河在县东一十五步,阔一里,不通船楫,即河滨关。

[3]《通典》卷一百七十三《州郡三》载:榆林,汉沙南县地。有故云中城、拂云堆、金河。紫塞河自马邑郡善阳县界流入。

[4]《元丰九域志》卷四《河东路》载:银城……有五原塞、屈野川。连谷……有屈野川。

[5]《山海经·西山经》载:(号山)端水出焉,而东流注于河。

[6]《水经注·河水》载:河水又东,端水入焉。水西出号山。

[7]《山海经·西山经》载:上申之山,上无草木,而多硌石,下多榛、楛,兽多白鹿。……汤水出焉,东流注于河。

[8]《水经注·河水》载:河水又南,汤水注之。

[9]《水经注·河水》载:奢延水注之,水西出奢延县西南赤沙阜,东北流,《山海经》所谓生水出孟山者也。

[10]《水经注·河水》载:(河水)又南离石县西,奢延水注之。

[11]《水经注·河水》载:河水又南,右纳辱水。《山海经》曰:"辱水出鸟山,其上多桑,其下多楮,阴多铁,阳多玉,其水东流,注于河。"俗谓之秀延水。

[12]《水经注·河水》载:河水又右会区水。……世谓之清水,东流入上郡长城。

[13]《元和郡县图志》卷三《关内道三》载:黄河,在县(汾川)东七里。河岸顿狭,形似槽形,乡人呼为"石槽",盖禹治水凿石导河之处。石槽长一千步,阔三十步,悬水奔流,鼋鼍鱼鳖所不能游。

[14]《水经注·河水》载:孟门,即龙门之上口也。

[15]《山海经·海内北经》载:阳汙之山,河出其中;凌门之山,河出其中。

[16]《水经注·河水》载:河水又出于阳纡陵门之山,而注于冯逸之山。

[17]《水经注·河水》载:河水又南,黑水西出丹山东,而东北入于河。

[18]《元和郡县图志》卷三《关内道三》载:库利川,在县(云岩县)郭南。昔有奴贼居此川内,稽胡呼奴为库利,因名之。

[19]《水经注·河水》载:河水又南合蒲水。

[20]《水经注·河水》载:河水又南合蒲水。……河水又南,丹水西南出丹阳山,东北迳冶官东,俗谓之丹阳城。……其水东北会白水口,水出丹山东,而西北注之,丹水又东北入河。

[21]《水经注·河水》载:河水又南,黑水西出丹山东,而东北入于河。

[22]"崿谷傍",当为"崿谷"。《水经注·河水》载:河水又南至崿谷,傍谷东北穷涧,水源所导也,西南流注于河。河水又南,洛水自猎山枝分东派,东南注于河。昔魏文侯筑馆洛阴,指谓是水也。

[23]《水经注·河水》载:河水又南,右合畅谷水,水自溪东南流,迳夏阳县西北,东南注于河。

[24]《水经注·河水》载:河水又南,崌谷水注之,水出县西北梁山。

[25]《太平寰宇记》卷二十八《关西道四》载:崌谷水,在县南一里,注于河。

[26]《金史》卷二十六《地理志下》载:郃阳有非山。

[27]"秦败晋"当为"晋败秦"。《水经注·涑水》载:《春秋·文公七年》:晋败秦于令狐,至于刳首。

[28]《通典》卷一百七十三《州郡三》载:郃阳,……有郃首水。

[29]《太平寰宇记》卷二十八《关西道四》载:刳首坑,在郃阳也。

[30]《新唐书》卷三十七《地理志一》载:贞元四年堰洿谷水成。

[31]冯夷,即无夷。《穆天子传》卷一载:戊寅,天子西征,骛行,至于阳纡之山,河伯无夷之所居都。

[32]《淮南子·修务训》载:是故禹之为水,以身解于阳盱之河。高诱注:阳盱河盖在秦地。

[33]《山海经·海内北经》载:从极之渊深三百仞,惟冰夷恒都焉。冰夷

人面,乘两龙。一曰忠极之渊。郝懿行云:"《水经注》(《河水》)引此经作中极,中、忠古字通。"

[34]《史记》卷二十八《封禅书》正义载:《龙鱼河图》云:"河伯姓吕,名公子,夫人姓冯名夷。河伯,字也。华阴潼乡堤首人水死,化为河伯。"

[35]《史记》卷二十八《封禅书》载:水曰河,祠临晋。

[36]"大河嗣"当为"大河祠"。丛书集成初编本为"大河祠"。《史记》卷二十八《封禅书》正义引《括地志》云:大河祠在同州朝邑县南三十里。

[37]《水经注·河水》载:通谷水东北注于河,《述征记》所谓潼谷水者也。

[38]《元和郡县图志》卷二《关内道二》载:(潼关)关西一里有潼水,因以名关。

[39]《山海经·西山经》载:濩水出焉,北流注于渭。郝懿行云:《水经注》作灌水。

[40]《文选》卷十《纪行下·西征赋》载:憩黄巷以济潼。

[41]《水经注·河水》载:历北出东崤,通谓之函谷关也。

屈野川水

屈野川水,出陕西榆林府神木县北塞外。《元丰九域志》:"连谷、银城二县,皆有屈野川。"[1]今连谷故城在县北边外。水出塞地五兰窳儿,东南流入襄城。右合老龙泉水,水在县西北十五里。屈野川又东南,迳县境西,芹河东入焉。水出塞外,东南流迳笔架山南,入于屈野川。山在县西三里,本名驼儿山,明武宗驻跸之所名也。屈野川又东南,左得泗沧河水。水自永兴堡来,西流迳县南,入于屈野川。屈野川又东南,右得柏油河水。水东西二源,俱出柏油堡境外,南流入边,迳柏油堡,合关王窳水,又东南入于屈野川。屈野川又东南,柏林河水东南入焉。水自县西南五十里柏林堡来也。屈野川又东南,长涧川西南注之。水在县东六十里,导原沙沟,世亦谓之燕子谷川也,其水入屈野川。屈野川又南入于河。

[1]《元丰九域志》卷四《河东路》载:银城……有五原塞、屈野川。连谷……有屈野川。

圁水　秃尾河

圁水,出陕西榆林府葭州塞外。《地理志》:"上郡白土,圁水出西,东入河。"[1]《水经注》:"圁水出上郡白土县圁谷。"[2]《隋书·地理志》:"开光有圁水。"[3]颜师古《汉书注》:"今有银州、银水,即是旧名,名犹存,但字变耳。"[4]今汉白土境在州北塞外。其水二源俱导,一为苏麻河,一为恶水河。苏麻河水,东经石城子南。案《水经注》言圁水东经其县南,[5]疑即白土故城也。其水又南入塞,左合神衔水。水出神木县柏林堡塞外,俗名永利渠。按《水经注》言神衔水出县南衔山,出峡东至长城,入于圁,[6]则是此水也。衔山当在塞外,今失其名耳。神衔水入长城,左与一水合,水出神木县西水洞舖。合流又西南入葭州界,迳高家堡北,又西入于圁水。圁水又东南,疾藜川水东注之。水出建安堡东也。圁水又迳三角城东,开光川水东南注之。《水经注》:"圁水又东迳鸿门县,又东,梁泉水注之,水出西北梁谷,东南流,注圁水。"[7]今水出州北黑龙潭,潭去州百二十里,俗谓之开光川,即《水经注》之梁水也。后周于此置开光郡,因以名焉。隋始县之,州西北亦其境也。圁水又东南入于河。《水经注》:"圁水迳圁阴北,又有桑谷水出西北桑溪,东北注圁水。"[8]今无水也。《通典》:"银州,理榆林,在圁水之阴。"[9]唐《地理志》:"银州,东北有无定河。"[10]或言唐人以圁水即无定河,然考《水经注》,无定河、圁水是二水也。今神木县是汉圁阳境,葭州是汉圁阴境,水在神木

《关中水道记》校释

县南葭州北,其圁为水[11]无疑矣,俗称此水为秃尾河,志家亦多以为圁水也。圜匋正字,圁讹字,银假音字也。

[1]《汉书》卷二十八下《地理志下》载:白土,圁水出西,东入河。

[2]《水经注·河水》载:圁水出上郡白土县圁谷,东迳其县南。

[3]《隋书》卷二十九《地理志上》载:开光……有圁水。

[4]《汉书》卷二十八下《地理志下》颜师古注:今有银州、银水,即是旧名犹存,但字变耳。

[5]《水经注·河水》载:圁水出上郡白土县圁谷,东迳其县南。

[6]《水经注·河水》载:东至长城,与神衔水合,水出县南神衔山,出峡,东至长城,入于圁。

[7]"梁泉水"当为"梁水"。《水经注·河水》载:圁水又东迳鸿门县,县,故鸿门亭。……圁水又东,梁水注之,水出西北梁谷,东南流,注圁水。

[8]《水经注·河水》载:圁水又东迳圁阴县北,……又东,桑谷水注之,水出西北桑溪,东北流,入于圁。

[9]《通典》卷一百七十三《州郡三》载:银州,今理榆林县。……领县四,榆林,汉圁阴县地,以其在圁水之阴。

[10]《新唐书》卷三十七《地理志一》载:银州,……东北有无定河。

[11]丛书集成初编本为"其为圁水"。

诸次水　茹芦水

诸次水,出陕西榆林府境北塞外。《山海经》:"诸次之山,诸次之水出焉。"[1]《水经注》:"水出上郡诸次山,其水东迳榆林塞,世又谓之榆林山,即《汉书》所谓榆林旧塞者也。"[2]今水出府东双山堡西北塞外,诸次之山疑在其地,俗失其名也,水亦名茹芦水。《元和郡县志》:"真乡县,茹芦水,源出县西北。"[3]《太平寰宇记》言:"真乡县,茹芦水,源出县西平地。"[4]真乡,故志在今府境东葭州境,即此水。其水东南流入葭州界,右合关家川水,水在州西北百三十里。按,《水经注》云:"诸次水东入长城,小榆水合焉。"[5]水即关家川也。诸次水又东南,真乡川东南注之,水在州西北百里。按,《水经注》云:"诸次水又东,合首积水,水西出首积溪。"[6]疑即此水也。周置真乡郡于州北,因以名焉。诸次水又东南,五里川东南注之。水出州北百二十里姬家畔,东南流历落珠厓、清风寺,南与金明寺水合,又东南至州西北入于诸次水。诸次水又南迳州境西,屈东迳州境南,入于河。

[1]《山海经·西山经》载:又北百八十里,曰诸次之山,诸次之水出焉,而东流注于河。

[2]"榆林",当为"榆溪"。《水经注·河水》载:河水又南,诸次之水入焉,水出上郡诸次山。……其水东迳榆林塞,世又谓之榆林山,即《汉书》所谓榆溪旧塞者也。

[3]《元和郡县图志》卷四《关内道四》载:茹芦水,源出县(真乡县)理西北。

[4]"县西平地",当为"县西北平地"。《太平寰宇记》卷三十八《关西道》载:茹芦水,源出县(真乡县)西北平地。

[5]《水经注·河水》载:(诸次水)其水东入长城,小榆水合焉。

[6]《水经注·河水》载:又东合首积水,水西出首积溪,东注诸次水,又东入于河。

生水 奢延水 朔水

生水,出陕西延安府靖边县东。《山海经》:"孟山,生水出焉。"[1]《水经

《关中水道记》校释

注》谓之奢延水,云:西出奢延县西南赤沙阜,东北流,洛川在南,俗因县土谓之奢延水,又谓之朔水。[2]《元和郡县志》:"朔方县,无定河,一名朔水,一名奢延水,源出县南百步。"[3]今县东北塞外是朔方故境也。《水经注》言水出奢延县西南。奢延故城在废夏州西南,今县东怀远县亦其地也。有水出县东酸茨沟,俗名浣忽都河,疑即生水之源。水东箭竿岭或即孟山,非所详矣。其水东北流,荞麦河合红柳河,自靖边县东来合之。水出靖边县东南十里荞麦城下,北流迳县境东,又北,左合红柳河水。水自宁塞堡,迳范老关西,又东迳县北,与荞麦河合。荞麦河又东北出边,迳镇罗堡北,又东入塞,迳镇静堡北,又东至龙州堡西,入于生水。或以为生水别源。按,《山海经》:"孟山西二百五十里,曰白于之山。洛水出于其阳,东流注于渭水。夹水出于其阴,东流注于生水。"[4]夹水当即红柳荞麦水也。今靖边县南有白路山,疑即白于之讹。洛水出其南,此水出其东北,是合《山海经》之说矣。生水合夹水东北流,出长城,至清平堡入塞,迳榆林府怀远县界,清平水北注之。又东,柳儿泉北注之。又东,狄青原水北注之,皆在怀远县西。生水又东,海棠河、东西二河俱出镇靖堡塞外,东南注之。按,《水经注》:"奢延水东北与温泉合。"[5]疑即是水也。生水又东,迳怀远县境北,又东,黑水东南注之。《水经注》:"黑水出奢延县黑涧,东南历沙陵,注奢延水。"[6]《元和郡县志》:"朔方县,乌水,出县黑涧,东注奢延水,本名黑水。"[7]《太平寰宇记》:"乌水,源出县北平地,亦契吴之麓。"[8]今水在武威堡北塞外,俗称石穴羔水,东南流,北则打狼河,亦自塞外东南来注焉,合流,又南入于生水,昔赫连勃勃筑统万城于奢延水北,在黑水之南,即此水也。生水之北,又有一水南会焉。志家以为圁水,按,《水经注》:"奢延水又东合交兰水,水出龟兹交兰谷,东南流注于奢延水。"[9]当即是也。龟兹故城在榆林县北,亦县东北境矣。生水屈南,一水东北注之。水出县南,东北流,迳五龙山至鲍家寺,合寺子沟水,又至响水堡北,入于生水,俗称黑木头河。按,《水经注》:"奢延水又东北流,与镜波水合,水源出南邪山南谷,东北流,注于奢延水。"[10]当即此水也。邪山亦当在县境,今失其故名矣。志家以黑木头河为即《水经注》之交兰水,其水南流,此水北注,非佳证矣。生水又东南迳榆林县界,又东南至嗣武城山,帝原水来会焉,今俗谓之西河也。《水经注》"奢延水又东迳肤施县,帝原水东南注奢延水"[11]即此。今绥德州,古肤施县境,榆林怀远之南界,亦其地也。生水又南入绥德州米脂县界,又南,背于川自葭州西入之,又南迳县境西,饮马水西注之。水出县北,西南流,合米脂水。水出县东张家山,西流迳县南入于饮马河,水合流又西注于生水。生水又西南,入绥德州界,又东南迳州境北,大力川北注之,水即平水也。《水经注》:"肤施县又有平水,出西北平溪,东南注奢延水。"[12]《隋书·地里志》:"大斌县有平水。"[13](大斌,故城在州境。)《太平寰宇记》:"绥州,废龙泉县州西,有大力川,废大斌县有小力川,并在邑界。"[14]今水出怀远县西南横山,疑即《太平寰宇记》之大力川也。其水东流,北合小力川水。水出清平堡东老虎坞,疑即《太平寰宇记》之小力川也。其水东南与大力川合,又东至米脂县西北,入于生水,今俗亦称大理河、小理河。《方舆胜览》:"大理水在绥州。"[15]神宗朝种谔复绥州,夜渡大理水驻师,理力声之缓急也。生水又东,迳鸣咽泉北,唐胡曾之所赋矣。又东,走马水自安定县来北注之,俗名怀宁河也。生水又东,满堂川南注之。俗云宋将杨满堂屯兵于此,遂以名川矣。生水又南,迳清涧县东北,白羊溪水北注之。水出县东吐谷岭。《水经注》"白羊水出于西南白羊溪,循溪东北,注于奢延水"[16]即是水也。唐时以吐谷浑部族侨治州界,是有其名。其水又东北入于生水,俗讹称此为白家河也。生水又东南,入于河。

[1]《山海经·西山经》载:(孟山)生水出焉,而东流注于河。

[2]《水经注·河水》载:奢延水注之,水西出奢延县西南赤沙阜,东北流……洛川在南,俗因县土谓之奢延水,又谓之朔方水矣。

[3]《元和郡县图志》卷四《关内道四》载:(朔方县)无定河,一名朔水,一名奢延水,源出县南百步。

[4]《山海经·西山经》载:(孟山)西二百五十里,曰白于之山。……洛水出于其阳,而东流注于渭;夹水出于其阴,东流注于生水。

[5]《水经注·河水》载:奢延水又东北与温泉合。

[6]《水经注·河水》载:奢延水又东,黑水入焉,水出奢延县黑涧,东南历沙陵,注奢延水。

[7]《元和郡县图志》卷四《关内道四》:乌水,出(朔方县)县黑涧,东注奢延水。本名黑水,避周太祖讳,改名乌水。

[8]《太平寰宇记》卷三十七《关西道十三》:乌水,旧名黑水,以周太祖讳,名曰乌水。源出县北平地,亦契吴之麓。

[9]《水经注·河水》载:奢延水又东合交兰水,水出龟兹县交兰谷,东南流注奢延水。

[10]《水经注·河水》载:奢延水又东北流,与镜波水合,水源出南邪山南谷,东北流,注于奢延水。

[11]《水经注·河水》载:奢延水又东迳肤施县,帝原水西北出龟兹县,东南流。……又东南注奢延水。

[12]《水经注·河水》载:又有平水,出西北平溪,东南入奢延水。

[13]《隋书》卷二十九《地理志上》载:大斌……有平水。

[14]《太平寰宇记》卷三十八《关西道十四》载:(废龙泉县)蒙恬冢,在州西大力川上,去州二里。……(废大斌县)柱天山,小力山,大力山,小力川,并在邑界。

[15]《大元混一方舆胜览》卷上《陕西等处行中书省》载:大理水,在绥州。

[16]《水经注·河水》载:奢延水又东,与白羊水合,其水出于西南白羊溪,循溪东北,注于奢延水。

帝原水　西河

帝原水,出陕西榆林府榆林县西北塞外。《地理志》:"肤施,有帝原水。"[1]《水经注》："帝原水西北出龟兹县,东南流。"[2]今龟兹故城在县北,水出塞外胡芦海,俗名西河也。其水南流,合獐河水,水出常乐堡,西注帝原水。帝原水又南流入塞,迳红石峡。其水冲厓南下,陡落数仞。西则芹河入焉,水出塞北,有湖曲依山势,佳饶芹操,因有是名。芹河水合小沙河,又东入塞,注于帝原水。帝原水又南,迳府境西,东则钟家沟水西注之,次南刘指挥川西注之,西则与柳河合焉。帝原水又南,右得黑水河,水在县西南五十里,东南流入帝原水。帝原水又南,与奢延水会,《水经注》云:"自下亦为通称也。"[3]

[1]《汉书》卷二十八下《地理志下》载:肤施,有五龙山、帝、原水、黄帝祠四所。

[2]《水经注·河水》载:帝原水西北出龟兹县,东南流。

[3]《水经注·河水》载:自下亦为通称也。

走马水　怀宁河

　　走马水,出陕西延安府安定县北高柏山。《后汉书·段颎传》："颎追羌出桥门,至走马水。"[1]《水经注》："肤施县走马水,出西南长城北阳周县故城南桥山。"[2]今水出高柏山,俗名怀宁河也。山在县北八十里。《水经注》云:"上有黄帝冢。"[3]考《地里志》:"阳周,桥山在南,有黄帝冢。"[4]张守节按:"《括地志》及《元和郡县志》皆云黄帝陵在宁州罗川县东八十里子午山。"[5]隋罗川,唐改真宁,李吉甫云是汉阳周地[6],今为庆阳府真宁县,则黄帝冢当在甘肃,自汉以来皆言是矣。而郦道元以桥山为在此,又说走马水出阳周县故城南,则阳周故境又在怀远安定之间,志家相承,亦云安定县北九十里有阳周故城。二说东西悬隔,中阻诸水,非所详矣。桥山今俗云在中部,非也。

· 15 ·

《关中水道记》校释

走马水又东,右合一水。又东,迳绥德州清涧县北,黑水自延安府安定县来,东南注之。水出安定县北黑水堡西也。走马水又东北,入绥德州界,又迳州境东,又东北入于生水。

[1]《后汉书》卷六十五《段颎传》载:夏,颎复追羌出桥门,至走马水上。

[2]《水经注·河水》载:奢延水又东,走马水注之,水出西南长城北阳周县故城南桥山,昔二世赐蒙恬死于此。

[3]《水经注·河水》:王莽更名上陵畤,山上有黄帝冢故也。

[4]《汉书》卷二十八下《地理志下》载:阳周,桥山在南,有黄帝冢。

[5]《史记》卷一《五帝本纪》正义:《括地志》云:"黄帝陵在宁州罗川县东八十里子午山。《地理志》云上郡阳周县桥山南有黄帝冢也。"《元和郡县图志》卷三《关内道》载:子午山,亦曰桥山,在(真乡)县东八十里,黄帝陵在山上,即群臣葬衣冠之处。

[6]中华书局点校本《元和郡县图志》校勘记引清人张驹贤《考证》:按阳周,汉属上郡,其故城宜在唐绥州大斌县境。《水经注》:奢延水又东,走马水注之,水出西南长城北阳周故城南桥山,去真宁尚遥。此盖沿《括地志》,误以北魏县当汉县。

辱水　秀延水　吐延川

辱水,出陕西延安府安塞县北。《西山经》:"申山北二百里,曰鸟山。辱水出焉,而东流注于河。"[1]《穆天子传》:"己酉,天子饮于溽水之上。"[2]《水经注》:"辱水,俗谓之秀延水。"[3]《元和郡县志》谓之吐延川,云延川县取吐延川为名。吐延水,北自绥州绥德县流入。[4]今水出安塞县北王家掌,东北流入安定县界,迳泰重岭北,浣水北注之。岭在县西南三十里,疑即鸟山也。

浣水出岭西北,[5]俗称麻儿河。按,《水经注》:"秀延水东流得浣水口,旁溪西转,穷溪便即浣水之源。"[6]则此水也,今俗以为麻儿河也。辱水又东,于叉川水东南入之。水出于叉山,山在县西五里,东北流,合黑牛川水,又东迳堡子山北,南入辱水。辱水又东,迳县境北,又东,李家川北注之,水在县南三十里。按,《水经注》:"辱水又东会根水,西南溪下,根水所发,而东北注辱水。"[7]当即此水,俗名李家川也。辱水又东,革班堡水南注之。辱水又东,入绥德州清涧县界,又东南,西河水出县北官山南注之。辱水又南,迳县境西,又东,南河出县东吐谷岭,北会目宿岭水,西南流,又西迳县境南入于辱水。辱水又南,黑龙沟水首受永平川,东南注之。永平川水出延安府安定县东南黑山,俗名郝家川,东南流,入延川县界,又东,左合楼儿河水。水亦出安定界,又名白津川也。其水至延川县界,入于永平川水。永平川水又东,入清涧县界,合于黑龙沟。其水又东南,入于辱水。按,《元和郡县志》:"城平县,后魏孝明帝于今县理西三十里库仁川置城平县,隋自库仁川移于今理。"[8]考唐城平县,东北至绥州一百里,则故境当在县境西南。知库仁川,即永平川也。辱水又南,入延安府延川县界,站水东注之,水出县西禅梯岭,东经县境北,入于辱水。辱水又南迳县境东南,河水东注之,水出县西宫道山也。辱水又东南,交口川水东注之,水出延长县西北,亦名高家原水,东南流,迳独战山南。《太平寰宇记》:"延安县,独战山,在县北四十五里。山高峻险,一人独战可以当千。"[9]是有其名也。其水又东南,入延川县界,合于辱水。辱水又东,入于河。

[1]《山海经·西山经》载:(申山)北二百里,曰鸟山。……辱水出焉,而东流注于河。

[2]《穆天子传》卷三载:己酉,天子饮于溽水之上。

[3]《水经注·河水》载:河水又南,右纳辱水。……俗谓之秀延水。

[4]《元和郡县图志》卷三《关内道三》载:延川县,本秦临河县地。……隋文帝改为延川,取吐延川为名。……吐延水,北自绥州绥德县流入。

《关中水道记》校释

[5]"浣水出岭西北",丛书集成初编本为"浣出水岭西北"。

[6]《水经注·河水》载:(秀延水)东流得浣水口,傍溪西转,穷溪便即浣水之源也。

[7]《水经注·河水》载:辱水又东会根水,西南溪下,根水所发,而东北注辱水。

[8]《元和郡县图志》卷四《关内道四》载:城平县,本秦肤施县,二汉不改。后魏孝明帝于今县理西三十里库仁川置城中县,隋改为城平县,自库仁川移于今理,属上郡。

[9]《太平寰宇记》卷三十六《关西道十二》载:(延长县)独战山,在县北四十五里。山高险峻,一人独战,可以当千。

区水　清水　去斤水　延水

区水,出陕西延安府安塞县北芦关岭。《西山经》:"罢父山百七十里,曰申山。区水出焉,而东流注于河。"[1]《水经注》:"区水,世谓之清水,东流入上郡长城。迳老人山下,又东北流,至老人谷,旁水北出,极溪便得水原。"[2]《隋书·地理志》:"金明县有清水。"[3](故城在县境北)《元和郡县志》:"肤施县,清水,俗名去斤水,北自金明县界流入。鲜卑谓清水为去筋。"[4]《太平寰宇记》谓之濯斤水,云昔日尸毗王于此水中濯其筋骨,故名。[5]今水出芦关岭,岭北属靖边县,南去县百五十里,当即《山海经》所谓申山也。区水出而南流,迳县境西,又南入肤施县界。浑州川水自安塞县来东注之。《太平寰宇记》:"金明县,浑州川水,在县西二十里。自合门府来,至县西。"[6]今水出靖边县南牛头坡,南流,迳杏子城,入保安县界,俗称杏子河,又称园林川。又东南,入安塞县界,俗称西川水,东南流,右与龙尾水会。《水经注》:"龙尾水出北地神泉障北山龙尾溪。"[7]《太平寰宇记》:"肤施县,龙尾水,出郡北龙尾溪，故名，是也。"[8]俗亦称小平川水，东南注于浑州川水。浑州川水又东南至肤施县北，入于区水。区水又南，迳县境东，右则柳湖合南河水北注焉。《水经注》："清水又东会三湖水，水出南山湖谷。"[9]当即此也。柳湖东北合南河水，水出县南亚支山北流，左合牡丹川水。水自县西南牡丹山东北流注之。合流又北会柳湖入于区水。按，《地理志》："高奴有洧水，肥可然。"[10]《水经注》谓之丰林水，云清水又东，迳高奴县，合丰林水。[11]丰林川长津泄注，北流会清水。汉高奴今安塞县，肤施亦其东境。洧水疑即南河及牡丹川也。《元和郡县志》则云清水即《地里志》之洧水[12]，非所详矣。区水屈东，乌邪谷水南注之，水出乌邪谷。按，《水经注》："奚水西出奚川，东南流入清水。"[13]邪奚声相近，疑即奚谷水也。区水又东，青化水自安定县来南注之。《太平寰宇记》："丰林县，青化水在县东北四十三里，自嘉泉东流，入濯筋河。嘉泉者，耆老云：水涌出飞流一丈，似图碾可嘉，因以名之。"[14]今水出安定县南鸦鸪岭，俗名潘陵川，南流。一水自东来合之，俗名南塔水，东迳蟠龙镇，东入青化水。青化水又西南入肤施县界，又西南入于区水。区水又东，入延长县界，关子口川东北注之，水出县西南甘泉县界也。区水又东，迳县境南，漱玉泉水南注之。区水又东南，安沟河水东注之，水出县南叉口，东流迳安沟镇南，又东入于区水。区水又东，入宜川县界，迳重覆山北，又东南入于河。

[1]《山海经·西山经》载：(罢父山)北百七十里，曰申山。……区水出焉，而东流注于河。

[2]《水经注·河水》载：(区水)世谓之清水，东流入上郡长城。迳老人山下，又东北流，至老人谷，傍水北出，极溪便得水源。

[3]《隋书》卷二十九《地理志上》载：金明，有清水。

[4]《元和郡县图志》卷三《关内道三》载：(肤施县)清水，俗名去斤水，北自金明县界流入。……鲜卑谓清水为去斤水。斤一作"筋"。

[5]《太平寰宇记》卷三十六《关西道十二》载：濯筋川水，去(肤施)县北

《关中水道记》校释

九里。……耆老云:"昔日尸毗王割身救鸽,身肉并尽,于此水中濯其筋骨,因此为名。"

[6]《太平寰宇记》卷三十六《关西道十二》载:(金明县)浑州川水,在县西二十里。自合门府来,至县西,前合濯筋水。

[7]《水经注·河水》载:清水又东得龙尾水口,水出北地神泉障北山龙尾溪,东北流注入清水。

[8]《太平寰宇记》卷三十六《关西道十二》载:(肤施县)龙尾水,出郡北龙尾溪,故名龙尾水。

[9]《水经注·河水》载:清水又东会三湖水,水出南山三湖谷,东北流入清水。

[10]《汉书·地理志》中无肥字。《汉书》卷二十八下《地理志下》载:高奴,有洧水,可然。

[11]《水经注·河水》载:清水又东迳高奴县,合丰林水。《地理志》谓之洧水也。故言高奴县有洧水,肥可然,水上有肥,可接取用之。

[12]《元和郡县图志》卷三《关内道三》载:清水,俗名去斤水,北自金明县界流入,《地理志》谓之清水,其肥可然。"清水",据《元和郡县图注》卷三《关内道三》校勘记载:除乾隆三十八年武英殿刊本外,嘉庆元年孙星衍岱南阁刊本、畿辅丛书本等均作"洧水"。

[13]"奚水",当为"溪谷水"。《水经注·河水》载:清水又南,奚谷水注之,水西出奚川,东南流入清水。

[14]"自嘉泉",当为"出自嘉泉";"图碾可嘉",当为"团碾可嘉"。《太平寰宇记》卷三十六《关西道十二》载:青化水,在(丰林)县东北四十五里。出自嘉泉,东流入濯筋河。嘉泉者,耆老云:"水涌出,飞流一丈,似团碾可嘉,因以名之。"

黑水　康利川　汾川水

黑水，出陕西延安府甘泉县东九谷沟。《水经注》："黑水出定阳县西山，二源奇发，同泄一壑。"[1]今水自县东东流，又南右合一水。《水经注》所谓二源，是其一也，俗称马市川水。合流又东迳临真镇，镇故魏临真县，唐宋因之。《元和郡县志》谓此水为库利川，云昔有奴贼居此川内，稽胡呼奴为库利，因以为名。[2]《太平寰宇记》云："临真县，库利川，在县北一十五里者也。"[3]《初学记》按《水经注》谓之乌川水，云源出汾川县西北。[4]按，道元以此为黑水，而徐坚所引《水经注》乃号乌川，详其县名，亦是隋唐所置，知道元之外别有书矣。其水又东入宜川县界北，县北则汉定阳故境也。应劭沄："县在定水之阳。"[5]《水经注》亦云："定阳县，黑水迳其县北，又东流，右合定水，俗谓之白水。"[6]水西出其县南山定水谷，今是水之南无水以应之，疑定水亦黑水之名矣。黑水又东，迳杀狗岭南，乐史按《水经》云："汾川县西有杀狗岭者也。"[7]黑水又东，迳汾川镇南，镇故县境矣。黑水又东，入于河，俗谓黑水曰汾川水者也。《太平寰宇记》云："宜川县，库祸川合丹阳川。"[8]库祸即库利之讹，其云合丹阳川，误也。

[1]《水经注·河水》载：河水又南合黑水，水出定阳县西山，二源奇发，同泻一壑。

[2]《元和郡县图志》卷三《关内道三》载：库利川，在县郭南。昔有奴贼居此川内，稽胡呼奴为库利，因以为名。

[3]《太平寰宇记》卷三十六《关西道十二》载：（临真县）库利川，在县北一十五里。

[4]《初学记》卷八《州郡部·关内道》载乌水，引《水经注》：乌川水，源

《关中水道记》校释

出汾川县西北。

[5]《汉书》卷二十八下《地理志下》载:定阳,应劭曰:在定水之阳。

[6]"又东流",当为"又东南流"。《水经注·河水》载:(黑水)东南流迳其(定阳县)县北,又东南流,右合定水,俗谓之白水也。

[7]《太平寰宇记》卷三十五《关西道十一》载:狗岭,《水经注》云:汾川县西有杀狗岭。

[8]《太平寰宇记》卷三十五《关西道十一》载:(宜川县)库川,在县西北二十里,从云岩县界入,合丹阳川。

蒲水　银川　丹阳川

蒲水,出陕西延安府宜川县西。《水经注》:"蒲水西则两源并发,俱导一山,出西河阴山县。"[1]《初学记》《太平寰宇记》按《水经注》曰:"蒲水南自鄜州洛川县流入丹阳川。"[2]今水出鄜州晋师山,山东北去宜川县百里,世传晋文公驻师于此,俗名此水为银川。《金史·地理志》云"洛川有蘭水"[3]即此也。考书传,则是蒲水也。其水东流,迳县境北,又东,长松水北注之。《水经注》:"阴山东麓,南水东北与长松水合,水西出丹阳山东,东北流,左入蒲水。"[4]《元和郡县志》谓之丹阳川,云汾州魏废帝改为丹州,因丹阳川为名。[5]《太平寰宇记》:"宜川县,丹阳川在县西南。"[6]今水出鄜州洛川县北界牌山,东北流入县西南境。又东,一水西北注之,水出神道岭,俗名南川水,亦曰赤石川也。按,《元和郡县志》:"丹州,永徽二年移于赤石川口。"[7]《太平寰宇记》云:"在县西北。"[8]今此水在县南。赤石之名,志家之所诬矣。长松水又北,迳县境东入于蒲水。蒲水又东,左合仕望川水。按,《水经注》:"蒲水又东北与北溪会,同为一川,东北注河。"[9]则是此水,俗名仕望川也,水出甘泉县东界,东流迳县北公字山,南合于蒲水。或说仕望川即亦赤石

· 22 ·

川。《水经注》又有赤水出罢谷山东,谓之赤石川[10]。《太平寰宇记》:"宜川县,赤水川,在县西北二里,阔三百步。从西延州临真县界流入。"[11]是此水已然。按,《水经注》:"赤石川与蒲水各自入河,赤石川入河,又在蒲水之北,疑此水今竭也。"志家说蒲水、长松水、西溪水多误,今依书传考正焉。又《水经注》云:"蒲水出西河阴山县。"[12]知鄜州西北宜川之西是汉阴山境,阴山县以山名。故《地形志》云:"敷城县有女阴山。"[13]洛川亦魏敷城地,疑晋师山即阴山也。志家不言汉阴山值今何县地,亦不详《地形志》女阴山所在也。

[1]《水经注·河水》载:河水又南合蒲水,西则两源并发,俱导一山,出西河阴山县,王莽之山宁也。

[2]《初学记》卷八《州郡部·关内道》载乌水,引《水经注》:蒲水南自洛川县流入丹阳川。

[3]《金史》卷二十六《地理志下》载:洛川,有洛川水、圁水。

[4]《水经注·河水》载:阴山东麓,南水东北与长松水合,水西出丹阳山东,东北流,左入蒲水,蒲水又东北于北溪会,同为一川,东北注河。

[5]《元和郡县图志》卷三《关内道三》载:后魏文帝大统三年,割鄜、延二州置汾州,理三堡镇。废帝以河东汾州同名,改为丹州,因丹阳川为名,领义川、乐川县。

[6]《太平寰宇记》卷三十五《关西道十一》载:丹阳川,在(宜川)县西南。

[7]《元和郡县图志》卷三《关内道三》载:武德元年改为丹州,九年置都督府,贞观元年罢府为州。永徽二年移于赤石川。

[8]《太平寰宇记》卷三十五《关西道十一》载:赤水川,在(宜川)县西北二里,阔三百步。

[9]《水经注·河水》载:蒲水又东北与北溪会,同为一川,东北注河。

[10]"罢谷山",当为"罢谷川"。《水经注·河水》载:赤水出西北罢谷川东,谓之赤石川,东入于河。

[11]《太平寰宇记》卷三十五《关西道十一》载:赤水川,在(宜川)县西北二里,阔三百步。从西延州临真县界入。

[12]《水经注·河水》载:河水又南合蒲水。西则两源并发,俱导一山,出西河阴山县。

[13]《魏书》卷一百六下《地形志下》载:敷城,有女阴山。

畅谷水　盘水

畅谷水,出陕西同州府韩城县西北梁山。《水经注》:"畅谷水自溪东南流,迳夏阳县西北。"[1]今水出朱沙岭,岭亦梁山也,去县百二十里,俗称盘水也,东流迳柏林洞南,右合暖水、畅谷水,又东屈南。文水东北来会焉,水出县西北文家岭南,东流至开元寺前,合于畅谷水。畅谷水又东南,入于河。

[1]《水经注·河水》载:河水又南,又合畅谷水,水自溪东南流,迳夏阳县西北,东南注于河。

洓水　濩水

洓水,出陕西同州府韩城县西北梁山。《水经注》:"夏阳县,崌谷水出县西北梁山,东南流。"[1]《太平寰宇记》谓之崛谷水。[2]今谓之濩水,洓崛声之缓急,洓濩字皆俗作也。《说文解字》有洓水,[3]是此水矣。水出县西北梁山,俗名其岭曰麻线岭,岭去县百二十里。其水东南流,右合白马滩水。其水二源俱发于梁山,合流东注洓水。洓水又东南,离水自洛川界来东注之。

浭水又东,谷水南注之,水出朱沙岭南。浭水又东,左合洫水。浭水又东,迳旧韩城北。又东屈南,迳县境西南。又东,涧水东入焉。按《水经注》:"横溪水出三累山,又东迳夏阳县故城南。"[4]今夏阳故城在县西南,知溪水即涧水也。水出于巍山,山在县西南四十里,其山孤峦独耸,是合三累之名。居人谣曰:"华山高,只直巍山要。"是真郦道元所云三累矣,今失其名,以为巍山也。溪水东流,迳韩原东,又东入于浭水。浭水又南,西则潨水东注之。次南,潦水东注之。次南,浍水东注之。浭水又南,芝水东入焉。水即陶渠水也,《水经注》:"陶渠水出西北梁山,东南流迳汉阳太守殷济精庐南,俗谓之子夏庙。"[5]今水出香山,山亦俗名梁山连麓也。《韩城县境界图簿》云:"山以白居易名。"水出而东南流,右会诸山水。又东,溇水南入之。陶渠水又东,遂水北注之。陶渠水又迳高门原南。乐史按《水经》云:"高门原南有层阜,秀出云表,俗谓马门原是也。"[6]沆水南来注之。陶渠水又南,《水经注》所谓迳夏阳故城南也。[7]又东南,迳司马祠北。祠即永嘉汉阳太守殷济所建石室故址也,祠南有墓存焉。迁自叙生于龙门,卒亦在是矣。陶渠水又东南,会渠水入于河。《水经注》说此水入河[8],今不独入河也。

[1]《水经注·河水》:河水又南,崌谷水注之,水出县西北梁山,东南流。

[2]《太平寰宇记》卷二十八《关西道四》载:崌谷水在县(韩城县)南一里,注于河。

[3]《说文解字·水部》载:浭,水也,从水,居声。

[4]《水经注·河水》载:河水又南,崌谷水注之,水出县西北梁山,东南流,横溪水注之,水出三累山……溪水又东南迳夏阳县故城北,故少梁也……溪水又东南迳夏阳县故城南。

[5]《水经注·河水》载:河水又南,又合陶渠水,水出西北梁山,东南流迳汉阳太守殷济精庐南,俗谓之子夏庙。

[6]《太平寰宇记》卷二十八《关西道四》载:高门原,《水经注》云:"高门

原南有层阜,秀出云表,俗谓马门原"是也。

　　[7]《水经注·河水》载:溪水又东南迳夏阳县故城南。

　　[8]《水经注·河水》载:溪水东南流入河。

徐水　桥头河

　　徐水,出陕西同州府郃阳县西北梁山。《水经注》:"徐水出西北梁山,东南流迳汉武登仙宫东,东南流,绝彊梁原。"[1]今山在县西北四十里,水出而东流,俗名桥头河也。山下水西,俗传有望仙宫故址,则是登仙宫矣。其水东南流,水南有故城存焉。《水经注》所言右迳刘仲故城北者也。[2]徐水又迳坊镇北,《水经注》言其水东南迳子夏陵北,东入河。[3]今《郃阳县境图簿》亦有陵在焉,斯真合于经证也。志家言子夏墓在河津县,又言在曹州,皆无据矣。曾子谓子夏言事夫子于洙泗之间,退而老于西河之上。[4]西河之言河西,《韩非子》:"魏两用楼、翟而亡西河。"[5]《史记·魏世家》称予秦河西之地是也。[6]而今所说陵及石室皆在河东,不亦异于曾子所云乎。徐水又东入于河。

　　[1]《水经注·河水》载:河水又南,徐水注之,水出西北梁山,东南流迳汉武帝登仙宫东,东南流,绝强梁原。

　　[2]《水经注·河水》载:(徐水)右迳刘仲城北,是汉祖兄刘仲之封邑也。

　　[3]《水经注·河水》载:其水(徐水)东南迳子夏陵北,东入河。

　　[4]《礼记·檀弓上》载:曾子怒曰:"商,女何无罪也?吾与女事夫子于洙泗之间,退而老于西河之上……"

　　[5]《韩非子·难一》载:韩宣王问于樛留:"吾欲两用公仲、公叔,其可乎?"樛留对曰:"昔魏两用楼、翟而亡西河,楚两用昭、景而亡鄢、郢……"

　　[6]《史记》卷四十四《魏世家》载:(襄王五年)予秦河西之地。

郃　水

郃水，出陕西同州府郃阳县西北梁山。《诗》："在洽之阳。"[1]《地里志》："郃阳，应劭曰：在郃水之阳。"[2]《水经注》："郃阳县，城南有瀵水，东流注于河水"[3]即郃水也。今水出梁山西谷，俗名金水河。志家或云宋太祖得疾于此，梦神饮之水，酌以金铠，遂以为名。又云："水自永平间绝流，其后复流，居民重之，乃称金水。"疑皆无稽之说也。其水南流屈东，迳县境南。县故汉县，羁马故城在其东北，莘国故城在其南。乐史云："散宜生为文王求有莘氏美女，即此地也。"[4]郃水又东南至朝邑县界，入于河。

[1]《诗经·大雅·大明》载：在洽之阳，在渭之涘。

[2]《汉书》卷二十八上《地理志上》"郃阳"条注：应劭曰：在郃水之阳也。师古曰：音合。即《大雅·大明》之诗所谓"在洽之阳"。

[3]《水经注·河水》载：城南又有瀵水，东流注于河。

[4]《太平寰宇记》卷二十八《关西道四》载：郃阳县，……散宜生为文王求有莘氏美女以献纣，即此地。

灌水　通谷水　潼水

灌水，出陕西同州府潼关厅南潼谷。《西山经》："钱来山西四十五里，曰松果之山。灌水出焉，北流入于渭，其中多铜。"[1]《水经注》："潼关，灌水注之，水出松果之上，北流迳通谷，世亦谓之通谷水。"《述征记》所谓谷潼水。[2]

《关中水道记》校释

《元和郡县志》:"潼关西一里有潼水,因以名关。"[3]《太平寰宇记》:"华阴县,潼谷水,在县东四十五里。"[4]今水出厅城南三十里潼谷,谷亦松果山之连麓也。其水北流入城,一源北来注之,水出厅南龙王庙,俗称嵩叉谷水也。合流又北出城,注于河。《山海经》说此水入渭,《水经注》言入河者。华阴,潼关之界,河渭之会,互得通称矣。李吉甫云:此水在关西一里。[5]今此水在城中,关西一水俗称杨家河水,或古以此为潼水,或关城移境于东与。

[1]《山海经·西山经》载:(钱来山)西四十五里,曰松果之山。濩水出焉,北流注于渭,其中多铜。

[2]"谷潼水",当为"潼谷水"。《水经注·河水》载:河在关内南流,潼激关山,因谓之潼关。濩水注之。水出松果之山,北流迳通谷,世亦谓之通谷水,东北注于河,《述征记》所谓潼谷水也。郭守敬按:灌、濩形近,安知非今本《山海经》之误,何不两存之。

[3]《元和郡县图志》卷二《关内道二》载:关西一里有潼水,因以名关。

[4]《太平寰宇记》卷二十九《关西道五》载:潼谷水,在县东四十里。

[5]《元和郡县图志》卷二《关内道二》载:(潼关)关西一里有潼水,因以名关。

关中水道记

洛水　漆沮

洛水,一名漆沮水,出陕西延安府定边县西南。《夏书》:"渭东过漆沮。"[1]《传》曰:"漆、沮,亦曰洛水,出冯翊北。"[2]《山海经》:"孟山西二百五十里曰白于之山,洛水出于其阳,而东流注于渭。"[3]《周礼》:"雍州,其浸渭洛。"[4]《淮南子》曰:"洛出猎山。"[5]《说文解字》:"洛水出左冯翊归德北夷界中,东南入渭。"[6]《通典》:"洛原县,汉归德县地,洛水所出。"[7]《元和郡县志》:"洛原县,白于山在县北三里。"[8]《太平寰宇记》:"洛蟠县,白于山在县北三十里。"[9]今水出县西南流离庙石缝中,庙西北有白露山,疑即白于山也。志家多以白于山为在甘肃,合水以出安化之洛水为正原。按,乐史言:"废洛源县在庆州北二百七十里。"[10]又曰:"华池县在州东一百五十里,本汉归德县之地,即洛原县也。"[11]今庆阳府,唐宋庆州境,自府东北一百二十里已入定边县界,废洛源县又在其北。李吉甫说:"白于山又在洛源县北三里。"[12]其山在定边县无疑,洛水出而东南流,页水川东注之。洛水又南,入保安县西界,洛西则甘肃安化县也,洛水迳金汤城东与别源合,水出安化县,东南流,右合白豹川水。又东入保安境。志家以白于山在安化,以此为洛源者也。洛水又东南,经金鼎山,吃莫水西南注之,水出靖边县。《太平寰宇记》:"保安军,吃莫河在军北一十里,源出蕃部吃莫川,南流,在军北四十六里入洛,河不胜船筏。"[13]按,《山海经》:"阴山北五十里曰劳山,弱水出焉,西流注于洛。"[14]今水出洛东,乐史又言不胜船筏,当即弱水也,弱读当为沉溺之溺。《山海经》阴山即甘泉县雕阴山,劳山在其北,当在保安县,县西有九吾山,疑即劳山矣。洛水又东南,周水南注之,水出靖边县饮马坡,南流入县界,左合阿姑泉,又南,左合三叉沟水,水俱在县北,又迳县境西,又合西阳

《关中水道记》校释

沟水，又南，右合紫马沟水，左则空龙沟水西注之。周水又南，东入于洛。按，《隋书·地里志》："归德县，有雕水。"[15]周、雕声相近，疑即此也。洛水又南，迳安塞县西，又南入甘泉县界，阿伏斤水西注之。《元和郡县志》："甘泉县伏陆山在县理东北，有阿伏斤谷，其水出又潜流伏川陆，故号伏陆。"[16]《太平寰宇记》："甘泉县，阿伏斤水，川在县东北二十九里，原出大盘山东南姚阴谷，流入洛水。"[17]今水出县东北，南流，一水出野猪峡南注之，俗称野猪峡水，阿伏斤水又西南，左合臭水，水色青黑，气微有疸，或说下有铜矿致然矣。阿伏斤水又西南，右会龟川水，又迳县境北，入于洛。洛水又南，迳县境西，甘泉东注之。《太平寰宇记》："甘泉县，甘泉，在县南岩谷上。其泉去地一丈，飞流激下，其味甘美，隋炀帝游山饮之，取入内。又泉侧有奇鸟一双，身胸项白，足赤，尾如小山鹊，上黑下白，其声数种。"[18]今泉出洛西大和山，其流渐微也，东则暖泉水西南注之。洛水又迳雕阴山，《地里志》有雕阴，[19]应劭曰："雕山在西南。"[20]按，山即《山海经》阴山也。《西山经·西次四经》之首曰阴山，去申山二百七十里，阴水出焉，西流注于洛。[21]今山下无水，一水出洛源东清泉山，西流，迳县南入洛，今称清泉水，疑即阴水，非所详也。洛水历雕山东，《史记索隐》按《水经》云："洛出上郡雕阴泰冒山，过华阴入渭，即漆沮水。"[22]今县无泰冒山，疑县西南五里太和山是也。《山海经》："泰冒之山洛水出焉。"[23]盖又述水之所经也。洛水又南，入鄜州界，採铜川水东南注之。按《太平寰宇记》："鄜州洛交县，小塞门川，在县西北一十五里。"[24]今州即宋境，採铜川在西北十五里，即小塞门川也。《鄜州图簿》言有石窟，中出石脂，就石可灌成烛，至元七年封扃不采矣。洛水又右合牛武川，水自牛武城来入于洛。洛水又右合大门塞川，《太平寰宇记》："大塞门川水在县西北四里。"[25]今俗称邱家沟，案其道里是大塞门水也。洛水又迳州境东，火焰沟水东注之，又南，苇谷水东注之。《太平寰宇记》："三川县有苇谷水"，引《水经注》曰："苇谷水自苇谷东南流入三川黄原水。"又曰："破罗谷水南流迳黄原祠东合苇川是也。"[26]今水出在西南五里，不合他水，无以证乐史称《水经》之说也。苇谷之名，唐郑玉赋诗于此矣。洛水又南，迳洛川县西,相思川水南注之。《太平寰宇记》:"洛交县,汉武庙,有仙宫城,在今相思川是也。"[27]《宋朝类苑》:"鄜州东百里有相思河,河岸有相思铺,令狐挺有诗。"[28]今水出洛川县厢西镇西,镇即相思舖,西思,声之讹也。南流,一水自宜川县界西南流,迳开抚镇,又迳洛川县西注相思川,水俗称开抚川,合流又至鄜州界,西入于洛。洛水又南,迳中部县东北,华池水、黑水合流东南注之。《元和郡县志》:"三川县,古三水郡,以华池水、黑水及洛水三川同会刕名者也。"[29]洛西有三川驿矣。洛水又南,东则仙宫河水西南注之,水自宜川界来,迳洛川县南四十里入洛水,名以汉武仙宫城也。洛水又南,沮水出子午山,迳中部县南,东注之。洛水自下兼沮水之名,故《夏书》言渭水过漆沮,孔安国以洛为漆沮也,晋灼、阚骃皆言是矣。东则黄梁河西南注之,水出黄梁谷,谷近兰柯山,在洛川县东南六十里,姚苌之世立节将军姚班居此谷,湫神借车者也。按《隋书·地里志》:"洛川县有鄜水。"[30]今水迳故鄜城县北西南流,当即此水,俗称黄梁河也。洛水又南,右则五交河水注之,水出宜君县东山下,俗名贺家河,东流右合一水,俗称李家河,又有党家沟、范家沟、梁家沟合为五交河,东入洛水,洛东则聿津河,水西南注之,水出韩城界梁山朱沙岭西,南流迳洛川县东南百二十里,又迳朱龙镇,西南流入洛。洛水又南,迳宜君县东,冯家河水东北注之,水出宜君县东南,东北流,历太子山,俗传扶苏筑城之所愒也,其水又东北入于洛。洛水又南,屈东历马兰山北至暗门,入耀州白水县界,山即俗称秦山者也。洛水又东南,铁牛水东注之,水出马兰山南,东南迳铁牛镇入洛水。洛水又东南,迳县境东北,柳谷水西南注之。《太平寰宇记》:白水县,柳谷水,按《郡国县道记》云:"衙城侧有柳谷水,即彭衙水,南流至县理东北合洛水。"[31]今水出澄城界,县北有彭衙堡焉,《春秋左氏》所谓秦晋战于彭衙者也,[32]南流,经孔走镇,俗又有孔走河之目矣,其水又南注于洛。洛水又东南,入同州府澄城县界,左得玉泉,其泉在县西北五十里,旁有蔬圃药畦,佳饶树石,于中水弄芹,色严冬若春,元西台御史潘汝勋之所游咏矣。洛水又东南,迳王官故城,《春秋传》吕相言俘我王官者也。[33]又东南,云门谷水合江罗水南入焉。《太平寰宇记》:"澄城县,云门

《关中水道记》校释

谷水源出澄城县界。"[34]今水出县西北石门山云门谷,南流,右合一水,水出石门山江罗谷,东流入于云门谷水,合流又南,右则阴泉出焉,云门谷水又南,入于洛水,俗称长宁河水也。洛水又东南,经县境西,县故汉征境,《河渠志》言庄熊羆言,临晋民愿穿洛以溉重泉,以灌万余顷,于是穿渠,自征引洛水至商颜下。[35]《通典》:"冯翊,有商原,所谓商颜也。"[36]至今故渠湮焉。洛水又东南,入蒲城县界,白水河自同官县来东注之。洛水又东南,酒泉自澄城县北来南入焉。《春秋传》:"王巡虢守,虢公为王官于玤,王与之酒泉。"[37]《太平寰宇记》:"澄城县,有温泉,又有甘泉水,出匿谷中,其水尤美,堪造酒,泉东至坊新里。"[38]今泉在县西北四十里,南流,右合隋公泉,世传隋文帝于此避暑,按隋匿声相近,疑即所谓匿谷,不如俗说也。又南,左合征泉、酒泉,又南,左合洗肠泉,世传晋沙门佛图澄洗肠于此。酒泉又南,左得槊枪泉,又传汉光武北征时偉枪得水,俱非所详也。酒泉又南,入于洛水。洛水又南,大谷河水自澄城县东来,西南注之,水出界头山,山接洛川界,南流,东迳郃阳县界,南流,屈西,至蒲城入于洛水。次南,得温汤渡,温汤泉水西南注之,水出水东岸石穴中。乐史按《水经》云:"名有三泉,奇川鸿泻,西注于洛,亦曰帝喾温泉。"[39]疑即此也,志家以澄城县将军山匿之水当之,其水不入于洛。洛水又南,水东则同州界,又南屈东,迳州境南,水南则沙阜在焉,阜在州南十二里。乐史按《水经注》云:"洛水东经沙阜,东西八十里,南北三十里,俗名之曰沙苑。"即西魏文帝大统三年,周太祖为相国,与高欢战于沙苑,大破之,是也。[40]洛水又东入朝邑县界,迳县南,又东入于河,洛水旧入于渭。《夏书》云:"渭东过漆沮。"[41]《水经注》:"渭水又东过华阴县北。注:'洛水入焉,阚骃以为漆沮之水也。'"[42]志家云:洛水自明成化中改流入河。按阜昌《石刻禹迹图》,洛水已于同州南入河也。

[1]《尚书·禹贡》载:导渭自鸟鼠同穴,……又东过漆、沮,入于河。

[2]《孔氏尚书传》卷三载:漆、沮,二水名,亦曰洛水,出冯翊北。

[3]《山海经·西山经》载:(孟山)西二百五十里,曰白于之山,……洛

水出于其阳,而东流注于渭。

[4]《周礼·职方氏》载:雍州……其浸渭、洛。

[5]《淮南子·墬形训》载:洛出猎山。

[6]《说文解字·水部》载:洛,洛水出左冯翊归德北夷界中,东南入渭。

[7]《通典》卷一百七十三《州郡三》载:洛源,汉归德县地,后汉岑彭所封也,隋置,洛水所出。

[8]"三里",当为"三十里"。《元和郡县图志》卷三《关内道三》载:(洛原县)洛水,原出白于山,一名女郎山,在县北三十里。

[9]《太平寰宇记》卷三十三《关西道九》载:(乐蟠县)白于山,在县北三十里,一名女郎山。

[10]《太平寰宇记》卷三十三《关西道九》载:废洛源县,在州东北二百七十里。

[11]《太平寰宇记》卷三十三《关西道九》载:华池县,东一百五十里。……本汉归德县之地,即洛源县也。

[12]"三里",当为"三十里"。《元和郡县图志》卷三《关内道三》载:(洛原县)洛水,原出白于山,一名女郎山,在县北三十里。

[13]《太平寰宇记》卷三十七《关西道十三》载:吃莫河,在(保安)军北一十里。源出蕃部吃莫川,南流至军地,四十六里入洛河,不胜船栰。

[14]《山海经·西山经》载:(阴山)北五十里曰劳山,……弱水出焉,而西流注于洛。

[15]《隋书》卷二十九《地理志上》载:归德,有雕水。

[16]《元和郡县图志》卷三《关内道三》载:(甘泉县)伏陆山在县理东北。有阿伏斤谷,其水出又潜流伏川陆,故号伏陆,天宝元年改为甘川谷。

[17]"东北",当为"南"。《太平寰宇记》卷三十六《关西道十二》载:(甘泉县)阿伏斤水川,在县南二十九里。源出大盘山东南姚崄谷,流入洛水。

[18]《太平寰宇记》卷三十六《关西道十二》载:(甘泉县)甘泉,在县南

岩谷上。其泉去地一丈,飞流激下,其味甘美,隋炀帝游此,饮之,取入内。又泉侧有奇鸟一只,身、胸、项白,足赤,尾如小山鹊,上黑下白,其声数种。

[19]《汉书》卷二十八下《地理志下》载:雕阴。

[20]《汉书》卷二十八下《地理志下》注:应劭曰:雕山在西南。

[21]《山海经·西山经》载:《西山四经》之首曰阴山,……阴水出焉,西流注于洛。《山海经·西山经》又载:阴山……北百七十里曰申山。

[22]《史记》卷一百十《匈奴列传》索隐:又案:《水经》云出上郡雕阴泰昌山,过华阴入渭,即漆沮水也。

[23]《山海经·西山经》载:(泰冒之山)浴水出焉,东流注于河。按:《初学记》及《太平御览》均引作洛水。

[24]《太平寰宇记》卷三十五《关西道十一》载:小塞门川水,在(洛交)县西北一十五里。

[25]《太平寰宇记》卷三十五《关西道十一》载:大塞门川水,在(洛交)县西北四里。

[26]《太平寰宇记》卷三十五《关西道十一》载:芦谷水,《水经注》:自芦谷东南流入三川。又载:黄原水,《水经注》云"破罗谷水南流经黄原祠东,合芦川"是也。

[27]《太平寰宇记》卷三十五《关西道十一》载:汉武庙,有仙宫城,在今相思川是也。

[28]《宋朝事实类苑》卷三十八《诗歌赋咏》载:鄜州东百里,有水名相思河,岸有邮置,亦曰相思铺。令狐挺题壁以诗,曰:"谁把相思号此河?塞垣车马往来多。只应自古征人泪,洒向空川作浪波。"

[29]《元和郡县图志》卷三《关内道三》载:三川县,本汉翟道县地,古三水郡,以华池水、黑源水及洛水三川同会,因名。

[30]《隋书》卷二十九《地理志上》载:洛川,有鄜水。

[31]《太平寰宇记》卷二十八《关西道四》载:柳谷水,《郡国县道记》云:"衙城侧有柳谷水,即彭衙水,南流至县理东北合洛水。"

[32]《春秋左传·文公二年》载：二年春王二月甲子，晋侯及秦师战于彭衙，秦师败绩。

[33]《春秋左传·成公十三年》载：夏四月戊午，晋侯使吕相绝秦，曰：……康犹不悛，入我河曲，伐我涑川，俘我王官，翦我羁马，我是以有河曲之战。

[34]《太平寰宇记》卷二十八《关西道四》载：云门谷水源出澄城县界。

[35]《史记》卷二十九《河渠志》载：其后庄熊罴言：" 临晋民愿穿洛以溉重泉，以灌万余顷故卤地。诚得水，可令亩十石。于是发卒万余人穿渠，自征引洛水至商颜山下。"

[36]《通典》卷一百七十三《州郡三》载：冯翊，有洛水、商原。商原，所谓商颜。

[37]《春秋左传·庄公二十一年》载：王巡虢守。虢公为王宫于玤，王与之酒泉。

[38]《太平寰宇记》卷二十八《关西道四》载：温泉……又有甘泉水，出匮谷中，其水尤美，堪造酒，泉东至新里。

[39]《太平寰宇记》卷二十八《关西道四》载：温泉，《水经注》云：泉有三原，奇川鸿泻，西注于洛，亦曰帝营温泉。

[40]《太平寰宇记》卷二十八《关西道四》载：沙苑，一名沙阜，在县南十二里。郦道元《水经注》云：洛水东经沙阜，东西八十里，南北三十里，俗名之曰沙苑。即西魏文帝大统三年，周太祖为相国，与高欢战于沙苑，大破之。

[41]《尚书·禹贡》载：道渭自鸟鼠同穴，东会于沣，又东会于泾，又东过漆、沮，入于河。

[42]《水经·渭水》载：(渭水)又东过华阴县北。郦道元注为：洛水入焉，阚骃以为漆沮之水也。

《关中水道记》校释

华池水　罗川水　蒲萄河

　　华池水，出甘肃庆阳府合水县东北。《史记·封禅书》："二渊为小川。"[1]正义曰："《地理志》云：'二川源在庆州华池县子午岭东，二川合因名也。'"[2]《金史·地理志》："直罗有罗川水。"[3]今水自合水县东北流，有平戎川流在焉，华池水又东，入西鄜州界，又东迳直罗故城南，名罗川水，城故唐境。《元和郡县志》云："直罗县，其川平直，故名。"[4]又曰："罗川水在县南二里是也。"[5]水自直罗故城东南流，黑水东南来入之。《史记正义》所谓二川，其一也，水亦出合水县，东流入陕西鄜州界。考《初学记》庆州，按《水经》曰："乌鸡水出西流入洛。"[6]《太平寰宇记》曰："子午山一谓鸡山。"《水经注》云："有乌鸡水出。"[7]疑即是也。水迳寿峰山南，山在州西南百二十里，又东迳直罗故城东，屈南入华池水。华池水又东南，迳州境南，会道水，合余乐川，水东来注之也。华池水又东，迳中部县北回军岭，俗以此水迳蒲萄寨，亦称蒲萄河。华池水又东入于洛。《元和郡县志》："三川县，古三水郡，以华池水、黑源水及洛水三川同会，因为名者也。"[8]

[1]《史记》卷二十八《封禅书》载：汧、洛二渊，鸣泽、蒲山、岳嵩山之属，为小山川，亦皆岁祷塞泮涸祠，礼不必同。

[2]《史记》卷二十八《封禅书》正义：《地理志》云二川源在庆州华池县西子午岭东，二川合，因名也。

[3]《金史》卷二十六《地理志下》载：直罗，有大盘山、罗川水。

[4]《元和郡县图志》卷三《关内道三》载：其川平直，故名直罗城。

[5]《元和郡县图志》卷三《关内道三》载：罗川水，在县（直罗县）南二里。

[6]《初学记》卷八《州郡部·关内道》载:《水经注》曰:"兔川西南流注洛水。"又曰:"乌鸡水出西流入洛。"

[7]《太平寰宇记》卷三十三《关西道九》载:子午山,旧名翟道山,一谓鸡山。《水经注》云:有乌鸡水出焉,西北注于洛水。

[8]《元和郡县图志》卷三《关内道三》载:三川县,本汉翟道县地,古三水郡,以华池水、黑源水及洛水三川同会,因名。

沮水　寇家河

沮水,出陕西鄜州中部县西子午岭,岭与征宁为界。桑钦《水经》:"沮水出北地直路县,东过冯翊祋祤县北,东入于洛。"[1]《说文》:"沮水出北地直路西,东入洛。"[2]《地里志》曰:"直路县,沮水出西,东入洛。"[3]《太平寰宇记》:"中部县,沮水自昇平县北子午岭出,俗号子午水。"[4]今岭在县西北二百里,沮水出而东南流,一水亦出子午岭,东南注之。《初学记》按《水经注》曰:"芹谷水出罗川县东子午山,又曰小蒲川,水东南流入坊州。"[5]乐史按《水经注》云:"蒲谷水源出中部县蒲谷源。"[6]《金史·地里志》亦曰中部县有蒲谷水,[7]今中部县即唐坊州境,出子午山东南流者惟此水耳,芹蒲形相近,字之误,疑一水也,俗称此水为寇家河。沮水又东南,迳宜君县北,慈乌水北注之。《太平寰宇记》:"宜君县,慈乌水,在县西北四十里,源自昇平分水岭,东流入当县界。"[8]今水自县北东流,迳社村入沮水也。沮水又会玉华水,水南出玉华山驻銮厓,唐故玉华宫在焉,山水之所以名也。唐贞观十七年于凤皇谷置玉华宫,正殿覆瓦,余皆茸茅,地本县人秦小龙宅,是有小龙出大龙入之语矣,水出其厓,溢流成川,北流迳彭村,香川水迳香山北注之。乐史按《水经注》云:"香川水源出中部县北香山,自宜君县界来。"又曰:"中部县,南香水在县南三十五里,出遗谷。"[9]今香山在宜君县西北十里,水迳其

《关中水道记》校释

西,入于玉华水,俗称缠带谷水,谷亦遗谷也。玉华水又北入于沮水,《水经注》言沮水东南流历檀台川,俗谓之檀台水,[10]疑即此水。《太平寰宇记》:"沮水下合榆谷、慈乌等川,遂为漆沮者也。"[11]沮水又东,复入中部县界,又东迳县境南,又东右合阳武泉,在县东十里,细流入沮。沮水又东北,合泥水。乐史按《水经注》:"泥水出翟道山泥谷。"又曰:"中部县,今按《图经》:'泥谷水,在县西北五十里,原自栲栳谷来。'"[12]今水出县西北隋后岭,岭去县六十里,东南流,迳翟道山南。乐史按《水经注》:"以为穆天子迳绝翟道,升于太行,即县之西石堂山也。"又按《水经注》:"有猪水、浅石川皆出此山,今惟浅石川合于泥水矣。"[13]泥水又迳中部县北,至龙首山,入于沮。沮水自县东入于洛,桑钦、许氏、班固所言是此沮也。《水经注》言:"水自直路县东迳谯石山,亦谓斯水,其言屈而夹山西流。"[14]又东南迳宜君川者,则是宜君县西南流入渭之水,《宜君县境界簿》云:"沮水自征宁来,分二流,其一南流,迳马拦镇,合姚渠川,南入耀州界;其一东流,合寇家河水,又东,合慈乌水及玉华川,流迳中部界合于洛。"世人不知沮水分东南二流,是以聚讼也。

[1]《水经注·沮水》载:沮水出北地直路县,东过冯翊祋祤县北,东入于洛。

[2]《说文解字·水部》载:滤水,出北地直路西,东入洛。

[3]《汉书》卷二十八下《地理志下》载:直路,沮水出西,东入洛。

[4]《太平寰宇记》卷三十五《关西道十一》载:(中部县)沮水,自昇平县北子午岭出,俗号子午水。

[5]《初学记》卷八《州郡部·关内道》载:《水经注》曰:"芹谷水出罗川县东子午山。"又载:《水经注》曰:"白水源出汾水岭西。"又曰:"小蒲川,水东南流入坊州"。

[6]《太平寰宇记》卷三十五《关西道十一》载:蒲水,《水经注》云:蒲谷水源出中部县蒲谷。

[7]《金史》卷二十六《地理志下》载:中部县,有沮河、桥山、石堂山、洛

水、蒲谷水。

[8]《太平寰宇记》卷三十五《关西道十一》载:慈乌水,在县(宜君县)西北四十里。源自昇平县分水岭,东流入当县界。

[9]《太平寰宇记》卷三十五《关西道十一》载:香川水,《水经注》云:"香川水源出中部县。"北香水,在县西南三十七里,自宜君县界来。南香水,在县南三十五里,出于遗谷。

[10]《水经注·沮水》载:《地理志》曰:沮出直路县西,东入洛。今水自直路县东南,迳谯石山,东南流,历檀台川,俗谓之檀台水。

[11]《太平寰宇记》卷三十五《关西道十一》载:"沮水,自昇平县北子午岭出,俗号子午水。《禹贡》云:漆、沮二水出冯翊北,即子午水,下合榆谷、慈乌等川,遂为漆沮水。"

[12]《太平寰宇记》卷三十五《关西道十一》载:泥水,《水经注》云:"泥水出翟道山泥谷。"今按《图经》:"泥谷水,在县西北五十里,原自栲栳谷来。"

[13]《太平寰宇记》卷三十五《关西道十一》载:石堂山,《水经注》云:"猪水,西出翟道县西。"石堂山,本名翟道山。又《穆天子传》:"癸酉,天子命驾八骏之驷,造父为御,南征朔野,迳绝翟道,升于太行。"翟道,即县之西石堂山也。郭璞以为陇西狄道,非也。浅石川,《水经》云:"浅石川,出翟道山。"

[14]《水经注·沮水》载:今水自直路县东南,迳谯石山,东南流,历檀台川,俗谓之檀台水。屈而夹山西流,又西南迳宜君川,世又谓之宜君水。

白　　水

白水,出陕西西安府同官县东。《元和郡县志》:"白水县,南临白水,因以为名。"[1]《金史·地里志》:"白水县有白水。"[2]今水出同官县东,俗名挽车沟,东流,左得汉井泉水,合流谓之乌泥川。《长安志》:"同官县,汉井泉水,在县东北三十里,南合乌泥川水。乌泥川水,在县东二十五里,入蒲城县界者也。"[3]东流入白水县界,左合白石河水,又东,左合龙门沟水,又东,左合虎头沟水,又东,迳县境南,又东,左合凤皇沟水,又东,左得钳耳沟水。白水又东历五龙山,入同州府蒲城县界,入于洛。《太平寰宇记》以此为沮水,云白水县沮水,案郦道元注《水经》云:"洛水东南,沮水入焉,故洛水亦名漆沮水,其迳东南谷多白玉,因名白水。"[4]近志家相承,亦以此为即《水经注》粟邑入洛之沮水。又云《水经》沮水一自富平至白水入洛,今沮水为乌泥川之下流,盖富平之流已绝也。按,《水经注》:"沮有三枝",一名檀台水,则今俗名东沮水,在中部入洛,一名石川水,在万年入渭,一在粟邑入洛,粟邑今白水境,故乐史以白水为即沮水,然汉儒所言之沮,则是今俗称东沮水也。

[1]《元和郡县图志》卷二《关内道二》载:后魏文成帝分澄城郡于此置白水县及白水郡,郡南临白水,因以为名。

[2]《金史》卷二十六《地理志下》载:白水,有五龙山、洛水、白水。

[3]《长安志》卷二十载:乌泥川水,在县(同官)东二十五里,入蒲城界。汉井泉水,在县东北三十里,南合入乌泥川水。

[4]"其迳东南谷多白玉",当为"其境东南谷多白土"。《太平寰宇记》卷二十八《关西道四》载:沮水,按郦道元注《水经》云:"洛水东南,沮水入焉,故洛水亦名漆沮水。"盖其境东南谷多白土,因曰白水。

泾　　水

泾水,出甘肃平凉府平凉县西南井头山,东南流,又东入陕西邠州长武县界。马岭河上承泥水,东南注之。《地里志》之泥水,[1]《元和郡县志》以为马莲河，[2]今俗称马莲川。岭莲，声之误也。泾水又东，迳县境北，陶林沟北注之，水出县西北五里，宋陶谷故居也，俗亦称鸭沟水。泾水又南，东入邠州界，汭水自长武县来北注之，水亦名宜禄川水，今俗称黑水河，按《西山经》则是出龙首山之若水也。[3]泾水又东，安化河水北注之，水在州西二十里也。泾水又东，白土川水注之。李吉甫、乐史误以为漆水者也。《元和郡县志》："邠州，漆水在今县西九里，西北流注于泾。"[4]《太平寰宇记》云："新平县，漆水，《汉志》云：'漆水在县西。'"今县西九里有白土川水，东北流白土原东、陈阳原西，又东北流注于泾水，或恐白土水是汉之漆也，[5]今凤翔府东北一百六十里麟游县东南亦有一漆水，南流与杜阳水合，非汉之漆也。案，乐史此言为以是为非矣。今县是汉漆县境，县西南则麟游县也。麟游之漆，实合《地里志》漆水在县西之说，[6]又桑钦、阚骃皆云漆水入渭，[7]而乐史指一入泾之水当之，其于《夏书》漆沮既从之言刺谬深矣。今白土、陈阳二原俱在州西南，魏于州西南十里陈阳原上置白土县，川以名焉，俗亦名水帘河水也。泾水又东，洪龙河北注之，俗以为《诗》之过涧，非也。泾水又迳州境北，南河北注之，俗以为《诗》之皇涧，亦非也。[8]泾水又东，敕修州水自三水县来西南注之。《太平寰宇记》谓之皇涧水，[9]亦名罗川水，今俗称敕川水也。《元和郡县志》："三水县，以县有罗川谷，三川并流，故以为号。"[10]《太平寰宇记》："三水县，三水出宁州罗川谷，有三水并经县界。"[11]三水旧境在今县北，罗川经其南，三水者，敕修、梁渠及汃水也。泾水又东，梁渠川自三水县来西南注之，或说即《诗》之过涧，亦三水之一也。泾水又东，汃水注之，《金史·地里志》谓之潘水，[12]潘汃声相近，志家则不详矣。南则大谷水北注之，水出县西南分水岭，与永寿接界。泾水又东南，俗有九曲之名，又东南迳淳化县界，七里川水西南注之。泾水又西南历峡，县故云阳，《太平寰宇记》："云阳县，案注《水经》云：'泾水南流历峡，谓之泾浃。'"[13]水南有五峰山，疑即泾峡也。泾水又东南，通润沟水西南注之，水在淳化县西北二十里也，泾水又出于九嵕山东仲山西南，入西安府醴泉县界，谓之谷口。昔郑白公之渠首起于此也。渭流清泾浊，泾水至此，有泾水一石其泥数斗之说矣。故谷口县东北

《关中水道记》校释

四十里,则汉故城存焉。西则有甘水东注之。泾水又东,入泾阳县界,九薮之焦穫也。周谓之焦穫,汉谓之瓠口,颜师古云瓠口即谷口,[14]今亦谓之洪口,谷洪瓠三声相近也。志家云:水自谷口至此,左右高原夹峙,中衍为川,迤逦而开,其形似瓠,因有其名,或亦然矣。水东则龙洞渠之所出,演为三白渠者也。泾水又东南,迳县境南,县故汉池阳,今西北二里有故城也,《长安志》言泾水于县有九渡,百光、宁甘、泾甘在其西,临刘洪在其南,临泾、睦城在其西南,张茄、郭渡、孙渡在其东南矣。[15]泾水又东入高陵县界,又东南入于渭。

[1]《汉书》卷二十八下《地理志下》载:郁郅,泥水出北蛮夷中。

[2]点校本《元和郡县图志》没有记载马莲河。《雍大记》卷十一载:合水,在合水县东一里,以建水、北川水之相合,故以名县,南流四十里入马建河。

[3]《山海经·西山经》载:苕水出焉,东南流注于泾水。郝懿行云:《初学记》及《太平御览》引此经作若水。

[4]《元和郡县图志》卷三《关内道三》载:(邠州)漆水在今县西九里,西北流注于泾。

[5]《太平寰宇记》卷三十四《关西道十》载:(新平县)漆水,按郦道元注《水经》云:"漆水自宜禄县界来,又东过扶风漆县北。"以《水经》验之,即邠州所理是也。《汉志》注云:"漆水在县西。"今县西九里有白土川水,东北流迳白土原东、陈阳原西,又东北流注于泾水,或恐白土水是汉之漆水,但古今异名耳。

[6]《汉书》卷二十八上《地理志上》载:漆,水在县西。

[7]《水经注·漆水》载:漆水,出扶风杜阳县俞山东,北入于渭。……阚骃《十三州志》又云:"漆水在漆县西,北至岐山,东入渭。"

[8]《诗经·大雅·公刘》载:夹其皇涧,溯其过涧。

[9]《太平寰宇记》卷三十四《关西道十》载:大陵水,《水经注》云:"大

陵、小陵水出巡和南、殊川西,南经宁阳城。故《豳》诗曰:'夹其皇涧。'"陵水,即皇涧也。

[10]《元和郡县图志》卷三《关内道三》载:三水县,本汉旧县,有铁官,属安定郡,以县界有罗川谷,三泉并流,故以为名。

[11]《太平寰宇记》卷三十四《关西道十》载:三水,出宁州罗川谷,有三水并经郡界。

[12]《金史》卷二十六《地理志下》载:新平,有泾水、潘水。

[13]《太平寰宇记》卷三十一《关西道七》载:(云阳县)泾水,《水经注》云:"泾水东流历峡,谓之泾峡。"

[14]《史记》卷二十九《河渠书》索隐:瓠口即谷口,乃《郊祀志》所谓"寒门谷口"是也。

[15]"临刘洪",似"临"字多余。《长安志》卷十七《泾阳》载:泾水九渡,百光渡、宁甘渡、泾甘渡,并县西;临泾渡,县西北;睦城渡,县西南;刘洪渡,县南;张茹渡、郭渡、孙渡,并县东南。其中,"张茹渡",原作"张茄渡"。

芮水　宜禄川　黑水河　赤城川　后川河

芮水,出陕西凤翔府陇州西北。《周礼·职方氏》:"雍州,其川泾汭。"[1]《地里志》:"汧,汭水出西北,东入泾。"[2]《元和郡县志》:"泾州良原县,汭水,一名宜禄川,西自陇州华亭县流入。"[3]《太平寰宇记》:"宜禄县,宜禄川,一名汭水,西自陇州鹑觚县界流入。"《水经注》云:汭水,又东迳宜禄县,俗谓之宜禄川。[4]今水出陇州西北七十里龙门洞,俗谓之黑水河。按,《山海经》:"女床山西二百里曰龙首之山,苕水出焉,东北流注于泾水。"[5]即是水也。苕当为若字之误,芮若声相近,山即陇山也。《水经》云在女床山西。女床山,即薛综注《西京赋》所云,在华阴西六百里者也。[6]又二百里,则陇山无疑

《关中水道记》校释

矣。芮水出而东北流,迳平凉府华亭县界。《隋书·地理志》:"华亭有芮水是也。"[7]东南流,又东迳崇信县南,俗名赤城川。又东北流,迳泾州南灵台县北,俗名后川河,又东入邠州长武县界,县故宜禄,魏废帝以临宜禄川因名焉。又东迳县境南,又东,后川河自泾州灵台县来东北流注之,俗名盖以此也。芮水又东,漆水入焉,水在县东四十里也,俗感于漆在漆境之说,所在名为漆水,亦甚诬矣。芮水又东入邠州界,又东北入于泾。

[1]《周礼·职方氏》载:雍州……其川泾、汭,其浸渭、洛。

[2]《汉书》卷二十八上《地理志上》载:汧水出西北,入渭。芮水出西北,东入泾。

[3]《元和郡县图志》卷三《关内道三》载:(良原县)汭水,一名宜禄川,西自陇州华亭县流入。

[4]《太平寰宇记》卷三十四《关西道十》载:(宜禄县)宜禄川水,一名芮水,西自泾州鹑觚县界流入。……《水经注》云:汭水,又东经宜禄县,俗谓之宜禄川水。

[5]"东北",当为"东南"。《山海经·西山经》载:(女床山)又西二百里,曰龙首之山……苕水出焉,东南流注于泾水。

[6]《六臣注文选》卷三载:女床,山名,在华阴西六百里。

[7]《隋书》卷二十九《地理志上》载:华亭,有陇水、芮水。

罗川水　敕修川

罗川水,出陕西邠州三水县北。《元和郡县志》:"三水县界有罗川谷。"[1]《太平寰宇记》:"真宁县罗川水,自彭原县界流入。"又曰:"罗川水出罗山。"[2]《金史·地理志》:"三水县有罗川水。"[3]今水出县东北分水岭,岭去县九十里,岭西则甘肃征宁也,俗名此水为敕修川。志家云以秦姚襄得名,其水西南流,大陵水西注之。《太平寰宇记》:"真宁县大陵水,案注《水经》云:'大陵、小陵水出巡和南、殊川西,南迳宁阳城。'故《豳》诗云:'夹其皇涧。'"[4]陵水即皇涧也,乐史皇涧之说本之,郑氏可补经注。今水自庆阳府征宁县来,西南流至三水县,西北入罗川水,罗川水又西南入邠州界,又西南入于泾。

[1]《元和郡县图志》卷三《关内道三》载:三水县,本汉旧县,有铁官,属安定郡,以县界有罗川谷,三泉并流,故以为名。

[2]《太平寰宇记》卷三十四《关西道十》载:(真宁县)罗川水,自彭原县界流入。又曰罗山水,出罗山。

[3]《金史》卷二十六《地理志下》载:三水,有石门山、泾水、罗川水。

[4]《太平寰宇记》卷三十四《关西道十》载:大陵水,《水经注》云:"大陵、小陵水出巡和南、殊川西,南经宁阳城。故《豳》诗曰:'夹其皇涧。'"陵水,即皇涧也。

梁渠川

梁渠川,出陕西邠州三水县北,三水之一也。文同《丹渊集》谓之炭泉涧,起于漙原,自北而西南,过其境谓之过涧,或以为即《诗》之过涧也。[1]其水迳县境北,西南流,又西入邠州界,又西南入于泾。

[1]"过",丛书集成初编本为"远"。《关中胜迹图志》卷二十七载:《县志》炭泉涧,起于漙原,自北而西南,过其境,谓之过涧。

《关中水道记》校释

汃水　潘水　师水　县河

汃水,出陕西邠州三水县东北。《说文》:"汃,西极之水也。"[1]《尔雅》:"西至于汃国。"[2]《金史·地理志》:"新平有潘水。"[3]潘、汃声相近,故也。水出宜君县竞窝山,西南流入县界,俗名此水为师水,亦曰县河,西南流,左合连家河水,水亦出石门,迳中岭,北入汃水。汃水又西南,东涧河水南注之,水在县境东,其水绕城南注汃水。汃水又西,迳县境南,左则稍泉南出焉,其水清冷,产蟹。汃水又西,西溪河水自城西南注之,温凉河水亦出峰谷,迳县西三里南流合于汃水。汃水屈南,左则苍耳沟水入焉,水迳县南西流入于汃水。汃水又南,屈西至邠州界,西南入于泾。《太平寰宇记》云:"三水县西南三十里,有古邠城,在庞川水西。"[4]庞川水即汃水,汃庞声相近也。

[1]《说文解字·水部》载:汃,西极之水也。
[2]《说文解字·水部》引《尔雅》曰:西至汃国,谓四极。
[3]《金史》卷二十六《地理志下》载:新平,有泾水、潘水。
[4]"邠",同"豳";"庞",当为"陇"。《太平寰宇记》卷三十四《关西道十》载:(三水县)古豳城,地在县西南三十里,有古豳城,在陇川水西,盖古公刘之邑,即此城也。

七里川

七里川,出陕西邠州三水县东石门山南麓,西南流,迳黑石岩北,俗谓之佛面坡,又西南,迳县境南,又西南入淳化县界,小峡沟水西南入焉。七里川又南,五龙谷水西南注之,《隋书·地里志》:"云阳有五龙谷水。"[1]《太平寰宇记》:"云阳县有五龙谷水。注《水经》:'五龙水出云阳西南。'"[2]今水出县北甘泉山,山南有庙祠汉武帝,当即云阳宫故址矣。其水又西南入于七里川水,七里川水又西南,迳张村西,入于泾水。

[1]《隋书》卷二十四《地理志上》载:云阳,有泾水、五龙水、甘水、走马水。

[2]《太平寰宇记》卷三十一《关西道七》载:(云阳县)五龙谷泉,《水经注》:"五龙水出云阳宫西南。"

甘 水

甘水,出陕西乾州永寿县东北。《地形志》:"宁夷有甘泉。"[1]《隋书·地理志》:"醴泉县有甘泉水。"[2]《长安志》:"醴泉县甘河自县西北甘北镇西来。"[3]今水出县东一里,导原分水岭,岭亦高泉山连麓,俗有是名也。其水东南流入西安府醴泉县界,迳温秀岭南,俗谓之五峰山。甘水又南,石泉谷水南注之。《隋书·地里志》:"醴泉县有浪水。"《太平寰宇记》:"醴泉县承阳山,山有石泉所出。《三辅黄图》所谓浪水者也。"[4]今承阳山在县北六十里。甘水又东,迳县境北,又东迳武将山南,白水谷水南注之。《长安志》:"白水谷在县西北一百里也。"[5]甘水又东,波水南注之。《隋书·地里志》:"醴泉县有波水"。《长安志》:"波水谷在县北七十里也。"[6]甘水又东,豆卢谷水南注之。《长安志》:"醴泉县豆卢谷在县西(疑当为东)北八十里也。"[7]甘水又东,泥河水北流注之,水出县西,东北流迳县北,左则志公泉出焉,世传志公酌饮于此也。泥河水又东北,入于甘,甘水之北,则巴谷水南注

《关中水道记》校释

之。《长安志》:"巴谷在县西(此字疑衍)北九十里也。"[8] 甘水又东,左合岩谷水,又东入于泾水。

[1]《魏书》卷一百六下《地形志下》载:宁夷,有甘泉。

[2]《隋书》卷二十九《地理志上》载:醴泉县,有甘泉水、波水、浪水。

[3]《长安志》卷十六《醴泉》载:甘河,自县西北甘北镇西来,至县东北泾甘渡合入泾水。

[4]《太平寰宇记》卷二十六《关西道二》载:承阳山,山有石泉所出。《三辅黄图》所谓浪水是也。

[5]《长安志》卷十六《醴泉》载:白水谷,在县西北一百里。

[6]《长安志》卷十六《醴泉》载:波水谷,在县北七十里。

[7]《长安志》卷十六《醴泉》载:豆卢谷,在县西北八十里。

[8]《长安志》卷十六《醴泉》载:巴谷,在县西北九十里。

卷三

关中水道记

渭　水

　　渭水，出甘肃兰州府渭源县西鸟鼠山。《夏书》曰："导渭自鸟鼠同穴。"[1]《周礼·职方氏》："雍州，其浸渭洛。"[2]桑钦《水经》："渭水出陇西首阳县渭谷亭南鸟鼠山。"[3]张守节按《括地志》云："渭水原出渭原县西七十里鸟鼠山，今名青雀山。"[4]渭有三原，并出鸟鼠山，东流入河，今水出于县西二十五里南谷山，山去鸟鼠山五里，东流迳鸟鼠山，与别原合，《水经注》所谓南谷，山在鸟鼠山西北。[5]渭水东北流，迳首阳县西，与别原合者也，合流，东南迳县北，青原河北注之，水出县西南五竹山也。按，《水经注》："渭水迳首阳县南，右得封溪水。"[6]即是水也。《水经注》于此又有广相溪水、共谷水、天马溪水、伯阳谷水，[7]今无水也。渭水又东，迳巩昌府北，广阳水北注之。《水经注》："襄城县，广阳水出西山，二原合注，共成一川，东北流注于渭。"[8]今水出西山，山在府西四十里，北流迳城西入渭也。渭水又东，科洋水北入焉。明万历间开永利渠，引水入府城，以资民汲，即是水也。渭水又东，荆头水北注之。《水经注》："荆头川出襄武西鸟鼠山荆谷，东北迳襄武县故城北，东北流注于渭。"[9]今水出府南三十里泾谷，俗称南河也。渭水又东，枭水注之。《水经注》："枭水出西南雀鼠谷，东北迳襄城县南，东北流入渭。"[10]今谷在府西南也。渭水又东，迳汉獂道故城南，城去府三十五里，又东，赤亭水北注之，亦名赤水。晋义熙十一年，乞伏炽磐遣将讨南羌弥姐康薄于赤水降之，即是水也。《水经注》："獂道县，赤亭水出东山赤谷。"[11]西流经府城北，南入渭水。今山在府东十五里也。渭水又东得粟水，《水经注》："獂道县，粟水出西南安都谷，东北流注于渭。"[12]今出府东南宋阪坡，迳县南入城，注渭水。渭水又东迳宁远县北，新兴川合漳水自漳县来东北注之。渭水又东，右

《关中水道记》校释

得武城川水。《水经注》:"武城县,武城川水出鹿部西山,两原合注,东北流迳鹿部南,亦谓之鹿部水。"[13]今水出岷州界城儿谷,东北流,昌邱水东北注之,俗称山丹川。按,《水经注》:"昌邱水出西南邱下,东北注武城水。"[14]则为昌邱水也,又流迳宁远西十里,北入于渭。渭水又迳县境北,又东关城川水北注之。《水经注》:"渭又东入武阳川,又有关城川水出南,安城谷水出北,邱川参差注渭。"[15]今水自礼县大树关北流,会一水,即《水经注》之谷水,俗称杨家河也。合流,东北至宁远县,东入渭。渭水于县,又合涌泉、泻泉,涌泉在县西南平地,泻泉在县东一里山石间,俱引流入渭,资民灌溉也。渭水又东,入伏羌县界,迳落门山,落门川北注之。《水经注》:"渭水迳落门西山东流三谷水,三川统一,东北流注于渭水。"[16]《元和郡县志》:"陇西有落门水,出县东南落门谷。"[17]今水出县西,于县合永宁河,河在县西四十里,导原南山,东北流迳永宁镇,又合一水,名沙沟河,在县西南三十里,东北流,合永宁河,又北入渭,所谓三川统一者也。渭水又东,半博水出半博山谷中,迳县西北注之。渭水又东迳县境北,天门水出天门山东北流,迳县东入之。《水经注》:"渭水于黑水峡有六水夹注。"[18]疑即此诸水也。渭水又东,温谷水自通卫县来南注之。渭水又东,迳秦州北,秦水合松多川东入焉,又东,瓦亭川水南入焉,又东,兰渠水南入焉。《水经注》:"渭水东北历邽山之阴,东南流,兰渠川水出自北山,佩带众溪,南流注于渭。"[19]今水在州北三十里,俗称三阳川也。渭水又东,藉水自伏羌县来北注之。渭水又东,右合东亭水。《水经注》:"渭水历桥亭南,而迳绵诸县东,与东亭水合,亦谓之为清水也。"[20]渭水又东,泾谷水北注之。《山海经》:"泾谷之山泾水出焉,东南流注于渭。"[21]盖自南而北也,郭璞未详此水也。渭水又东,迳清水县南,北阳水北注之。渭水又东,入陕西凤翔府陇州界,又南迳金门山,两山夹峙,水出其中,《水经注》所谓石门也,[22]又东入宝鸡县界,楚水东南注之,《山海经》:"秦冒山西百七十里曰数历之山,楚水出焉,而南流注于渭。"[23]《水经注》曰:"世所谓长蛇水,阚骃以是水为汧水。"[24]《元和郡县志》:"南由县,长蛇川在县西一百步。"[25]今水迳县西二十五里入渭,俗称陆川者也。渭水又东,捍水北注焉。《水经注》："渭水东迳西武功北,渭水又与捍水合,水出周道谷,北经武都故道县之故城西,又东北历大散关而入渭水。"[26]今水自凤县来,北流迳大散岭,岭故古关,又北入于渭,俗称塔河也。渭水又东,迳县境南,县西则流清涧水南入之,水出陵原县,东则金陵河南注之,水出五峰山,自陇州来,南迳陵原入渭水,县南则清涧河出煎茶坪山顶,其水奔涌,东北注渭,《水经注》所称,渭水右合南山五溪水,夹涧流注之者也。[27]渭水又东,迳陈仓山北,《水经注》："陈仓水出陈仓山下,东南(疑当为北)流注渭。"[28]今山在县东南四十里,其水北流,俗称清水河也。渭水又东,右合马谷河水,出县东南秦岭也,北则汧水自汧阳凤翔来,南入焉。渭水又东,迳虢县故城南,绥阳溪水入之。《水经注》："绥阳溪水上承斜水,水自斜谷分注绥阳溪,北届陈仓入渭。"[29]今水出明家坡,北流入渭也,次东则代鱼河北注之,水出秦岭,次东,箕谷水注之,水出箕谷。渭水又东,右得磻溪水,水亦名兹泉,《吕氏春秋》所谓太公钓于兹泉者也。[30]《水经注》："兹泉出南山兹谷,其水清冷神异,此流入于渭。"[31]今水出秦岭北流五十里入渭也,水西有庙,祠太公焉。渭水又东,入岐山县界,又东,白王沟北注之,水出原西凉庐山下。渭水又东入郿县界,斜谷水北注之,疑即《山海经》太时山之浐水也。[32]渭水又东,清水河上承斜水枝津,迳红崖头北注之。又东迳县境北,温泉水注之。《水经注》："武功县,渭水又东,五谷水北注之,亦名乾沟河。"[33]今水有五原,出滴水崖井,俗称磨石谷水,北流,井字谷水出观音池,西北注之,又北,右合万户谷水,又北,右合桐谷水,又北,有落谷水,又左,有黄龙谷水,西合斜水枝津,北流迳县南,东入于五谷水,五谷水又北入渭水。渭水又东,赤谷水北注之,水出县东南太白山,分流岐出,一曰洪沟河,次东曰教坊河,次东为清湫河,清湫河又右纳白马池之黑谷水,北流入渭。渭水又东,槐芽泉北注之,水出太白湫也。渭水又东,得汤谷河,《水经注》："武功县,渭水又东,温泉水注之,水出太一山,其水沸涌如汤,杜彦远曰:可治百病。"[34]《唐书·地里志》："郿县,有凤泉汤,"[35]今水出太白山碌岫厓,迳故凤泉宫北流入渭也。渭水又东,入西安府盩厔县界,韦谷水合大振谷水、凤凰泉水北流入之。《长安

《关中水道记》校释

志》:"盩厔县,韦谷在县西南二十五里者也。"[36]次东,强谷水出强弩谷,北流合稻谷水,东北入渭。《长安志》:"盩厔县,强弩谷在县西南二十五里。"[37]又曰曲河,乱泉水合之,北流入渭者也。渭水又东,迳县境北,骆谷水北注之。《水经注》:"骆谷水出南山洛谷,北流迳长安西入渭。"[38]今水出洛谷东,北流合马家河,北注于渭,水北则乾州武功县也,雍水合漆水南入焉,渭水又东合骆谷水枝渠,世谓之沙河。《长安志》:"盩厔县,沙河在县东二里,自终南山北流,迳县界三十五里入渭。"[39]今水自人远村合新口谷水,又北迳县东入渭,志家以为骆谷正流也。渭水又东,芒水北注之。桑钦《水经》:"武功县,渭水又东,芒水从终南来流注之。注:'芒水出南山芒谷,北流迳玉女房。又北迳盩厔县之竹圃中,分为二水。'"[40]今水出黑山寺西,黑水谷俗称黑水河,合韩谷、黄谷诸水北流,枝渠出为三水,西曰卢家河,次东曰泥河,次东曰黑水,又合就谷水,北流分注于渭,宋敏求以为韩水也。[41]渭水又东,合芒水枝津,又东合就水。《水经注》:"槐里县,渭水又迳黄山宫南,就水注之,水出南山就谷,北迳大陵西,历竹圃北,与黑水合,水上承三泉,就水之右,三泉奇发,言归一渎,北流,左注就水。就水又北流注于渭。"[42]今水北流迳焦家巷西合一水,俗称飞升谷水,迳大谷村,又合一水,俗称西观谷水,又迳大监社,入于黑水。渭水又东,右合田谷水,《水经注》:"槐里县,渭水又东合田溪水,水出南山田谷,北流迳长杨宫西,又北迳盩厔县故城西。"[43]今水出田谷北流,[44]枝渠东出为金水渠,又北,一水西出,俗称磨渠。案《水经》田谷水东北与一水合,合上承盩厔县南原,北迳其县东,又北迳思乡城西,又北注田溪,[45]当即俗所称磨渠者也,宋敏求《长安志》以此水为入黑水河,[46]今水各入渭水,是川流迳通,旱潦改状耳。渭水又东,丹水北注之,《山海经》:"南山,丹水出焉,北流注于渭。"[47]今水出南山赤谷,当即是也。《水经注》谓之漏谷水,云渭水迳槐里县故城南,东有漏水,出南山赤谷,东北流迳长杨宫东,又北历苇圃西,亦谓之仙泽,又北迳望仙宫。[48]今水出县东南五十里赤谷,北流合牛谷水,又北合耿谷水,《水经注》:"耿谷水发南山耿谷,北流与柳泉合,东北迳五柞宫西,其水北迳仙泽,又东北迳望仙宫东,又北与赤水会,又北迳思乡城东,又注北渭水。"[49]即此水也。《长安志》:"鄠县,耿谷水在县西南三十里。阔三步,深一尺,其底并沙石,北流入兴平界,合渭水。"[50]今俗称白马河也。渭水又东,迳兴平县南,耿谷水入焉,俗名白马河也。渭水又东迳兴平县南,耿谷水入焉,俗名白马河也。渭水又东,合甘水,《吕氏春秋》:"夏后相与有扈战于甘泽。"[51]即此水,东则鄠县也。《水经注》:"甘水出南山甘谷,北迳贳阳宫西,又北迳五柞宫东,又北迳甘亭。"[52]《长安志》说水在鄠县西南二十二里,阔三步,深一尺,北流入兴平界,合渭水。[53]今水北流至李家寨,枝渠分出,一水至原马店入渭,一水至史家庄入渭也。《水经注》言此水与涝水通流,[54]今涝水自入渭矣。渭水又东,入咸阳界,又东迳鄠县北,涝水北注之,水迳鄠县北三十里合涝水,其为字亦作潦也。渭水又东,扈阳谷水北注之。《长安志》案《水经注》曰:"扈水上承扈阳池。"又曰:"《十道志》曰扈水,一名马腹陂水。"[55]今水出鄠县东南,俗名此谷为化羊谷,化扈古今音,水出而北流,东则没猪泉,左受黄柏谷水,右受大平谷水,枝流北入焉。《长安志》:"鄠县没猪泉,在县东南,其源澄湛者也。"[56]扈羊谷水又北迳咸阳,王道水东入于渭。渭水又东,迳咸阳县境南,滈水合丰水北注之。渭水又东,入西安府长安界,又东,漓水枝渠北注之,今俗称皂河也。按,《水经注》:"渭水又东与漓水枝津合,水上承沈水,东北流迳邓艾祠南,又东分为二水,一水东入逍遥园注藕池中,其一水东流注于渭。"[57]今皂河上承漓水,西北流,迳郭村镇东,枝流东出为通济渠,入府城者,当即郦道元所谓入逍遥园之水,其北入渭,名皂河者即漓水枝流,郦道元说此在长安城西,今水东有故汉城也。渭水又东,迳府境北入咸宁县界,灞水合浐水北注之。桑钦《水经》:"渭水又东过霸陵县北,霸水从县西北沇注之。"[58]今长安县西北有故霸陵城也。渭水又东,入高陵县界,泾水南注之,又东,入临潼县界,斜口河北注之,水迳斜口镇入渭,次东,水碓河北注之。《长安志》:"水碓河,在县西五里。"[59]今水出砲子谷也,次东,石涧河入焉,水出骊山南涧,俗谓之冷水,以别温泉,北流入于渭。渭水又东,迳县境北,温泉合一水北注之。《水经注》曰:"鱼池水西有温泉,世以疗疾。"《三秦记》

《关中水道记》校释

曰:"骊山西北有温水。"[60]今水出骊山南谷,北流,有水出县东南东绣岭,北注之,合流入于渭,俗以此为潼河枝水,曰临河也。又东,阴磐河北入之,《长安志》以为新丰河也。[61]渭水又东迳新丰镇北,镇故汉县境,鱼池水北注之。《水经注》:"渭水又东迳新丰县故城北,东与鱼池水会,水出丽山东北,西北迳流始皇冢北,又西北迳鸿门西,又迳新丰县故城东,其水际城北出,世谓是水为阴盘水,又北绝漕渠,沟注于渭。"[62]今水出庆山西,俗名新丰河也,宋敏求以阴盘水与鱼池水为二,[63]按《水经》则是一水,盖宋敏求之误矣。张守节按《关中记》云:始皇陵在郦山,泉本北流,障使东西流。[64]疑即此诸川也。渭水又东,石川水南注之。渭水又东,戏水出入之。孟康注《汉书》曰:"戏,水名也。"[65]《地形志》:"阴盘县有戏水。"[66]《水经注》:"戏水出骊山冯公谷,东北流,又北迳丽戎城东,又北右总三川,迳鸿门东,又北迳戏亭东,又北,分为二水,并注渭水。"[67]颜师古《汉书注》:"戏在新丰东,其水出蓝田北界横岭,至此北流入渭。"[68]宋敏求案《两京道里记》曰:"戏水,周幽王以褒姒游于此,故以为名。"[69]《太平寰宇记》:"昭应县,戏水,在县东二里。"[70]今水出县东南分水岭,一原北注,非复郦道元三川总一之说也。渭水又东,冷水北注之。《水经注》:"冷水出肺浮山,盖郦山连麓而异名也。"[71]《太平寰宇记》:"昭应县,百丈水即冷泉之别名,历新丰两原之间,北注于渭。"[72]今水出渭南县南山北,西北流,合白庄沟水,又合三叉河,入县界,迳新丰原,东北入于渭。渭水又东,入渭南县界,杜化谷水注之。《长安志》:"昭应县,杜化谷水,出县西南零谷。"[73]今水出县西南石鼓山也。渭水又东,迳县境北,酉水北注之。《水经注》:"酉水南出倒虎山,西总五水,单流迳秦步高宫东,历新丰原东,而北迳万寿宫西,又北入渭。"[74]《元和郡县志》:"渭南县,酉水出石楼山北入渭。"[75]今水出石鼓山,疑即倒虎声之误也,北流有羊河、水谷河、清水河、曹谷水,俱出山东诸岭,北流合于酉水,是合道元西总五水之说也。渭水又北,明光谷水北注之,次东,西阳水北注之。《水经注》:"西阳水、东阳水并南出广乡原北垂,俱北入渭。"[76]今东阳水出丰原镇西东阳谷,西阳水出崇宁镇西西阳谷,西阳水去县东八里,东阳水又在东也。渭水又东,竹水北注之。《山海经》:"英山西五十二里曰竹山,竹水出焉,北流注于渭。"[77]山即县南七十里大岭也。《水经注》:"渭水又东迳下邽县故城南,又东与竹水合,水南出竹山北,迳媚加谷,历广乡原东,俗谓之大赤水,北流注于渭。"[78]《太平寰宇记》:"大赤水,一名箭谷水。"[79]今水三原总注,俗有羊谷、黑掌谷、胡卢谷诸水之名,合流北入于渭。志家传晋周处斩蛟于此,处义兴人,斩蛟除害在其乡邑,无缘至此,或其征氐西迈,路有经由,时人慕述其迹,有此误矣。渭水又东北则白渠口,古白渠之所出也。渭水又东,入同州府华州界,小赤水北注之,水即灌水也,旧与渔村川水合流曰招水,今渔村改流入遇仙河矣。渭水又东,符禺水北注之。《水经注》:"郑县,渭水又东合沙沟水,水即符禺之水也。"[80]今志家言是乔谷水。按《唐书·地里志》:"郑县,西南三十里有利谷渠,引乔谷水。"[81]今在州西南三十里者小赤水耳,俗以此水当之,误也。水出县西南瓜坡,西北流,合短岭水北入于渭。渭水又东与西石桥水会。《水经注》:"水原出马岭山北,迳郑城西,水上有桥,故世以桥名水也。"[82]今在州西十里西石桥存焉。渭水又经州境北,西溪水出州南山涧,流迳州西,又北,右合南溪水,水出太平谷,合流北入于渭。渭水又东,水敷谷水北注之。《唐书·地里志》:"郑县,东南有罗文渠,引小敷谷水,支分溉田者也。"[83]水出小敷谷,有罗文镇存焉。渭水又东合东石桥水。《水经注》:"东石桥水,故沈水也,水南出焉岭山,又北迳沈阳城北,注于渭。"[84]《汉书·地里志》:"左冯翊有沈阳县。"[85]盖借水以取称矣。今水出县东南构谷,北流入渭也。渭水又东,入华阴县界,方山谷水北注之,次东,葱谷水北注之。渭水又东,右合敷水。《水经注》:"敷水南出石山之敷谷,北迳告平城东,敷水又北,迳集灵宫西,而北流注于渭。"[86]今水出大敷谷,入谷三里有潭,俗名百索潭,又南有潭,俗名扬鼓潭,皆敷水之原也,其谷受秦岭以北水焉,其水北流入于渭。渭水又东,会于良余之水。《山海经》:"良余之山,余水出于其际,而北流注于河。"[87]《水经注》:"粮水出粮余山之阴,北流入于渭,俗谓之宣水。"[88]今水出于县西二十里良余山也。渭水又东,黄酸水北注之。《山海经》:"良余山东南十里曰蛊尾之山,又东北二十里曰升山,黄酸之水出焉,而北流注于河。"[89]《水经注》:"渭水又东合黄酸之水,世名之为千渠水,水南出升山,北流注于渭。"[90]今水在车箱谷北,水出而北流,迳长城鋪,鋪故长城春秋时秦晋分界处也,右合仙谷水,水出仙谷,亦名车箱谷。《太平寰宇

《关中水道记》校释

记》:"车箱谷,一名车水汤,在县西南二十五里,深不可测。"[91]其水合黄酸水,又北入于渭,二水入渭,《山海经》言入河者,盖合渭入河矣。渭水又东,迳县境北,长涧水北注之。《水经注》:"渭水又东迳长城北,长涧水注之,水南出太华之山,侧长城而北流,注于渭水。"[92]今水出太华山瀑布泉,西北流合小涧水,迳县西,右合大涧水,北流入于渭。渭水又东,沙渠水注之。《水经注》:"沙渠水出南山北流,西北入长城,又北注于渭。"[93]今俗称蒲谷涧,水出朝阳山西也。渭水又东,雪泉出焉,又东右合泥泉水。《水经注》:"渭水又东迳定城北,泥泉水注之,水出南山灵谷,而北流注于渭。"[94]今水出县东南水谷,东北流,迳小月沟,又北入渭也。渭水又东,入于河,故汉船司空之所在也,今为华阴潼关界,《地里志》说渭水行千八百七十里,[95]今行千四百三十一里。

[1]《尚书·禹贡》载:导渭自鸟鼠同穴。

[2]《周礼·职方氏》载:雍州,……其浸渭洛。

[3]《水经·渭水》载:渭水出陇西首阳县渭首亭南鸟鼠山。

[4]《括地志》卷四《渭州·渭源县》载:渭水源出渭州渭源县西七十六里鸟鼠山,今名青雀山。渭有三源,并出鸟鼠山,东流入河。

[5]《水经注·渭水》载:渭水出首阳县首阳山渭首亭南谷,山在鸟鼠山西北。

[6]《水经注·渭水》载:渭水东南流,迳首阳县南,右得封溪水。

[7]《水经注·渭水》载:渭水东南流,迳首阳县南,右得封溪水,次南得广相溪水,次东得共谷水,左则天马溪水,次南则伯阳谷水,并参差翼注,乱流东南出矣。

[8]《水经注·渭水》载:(襄武县)广阳水出西山,二源合注,共成一川,东北流注于渭。

[9]《水经注·渭水》载:(荆头川水)水出襄武西南鸟鼠山荆谷,东北迳襄武县故城北,……其水东北流注于渭。

[10]《水经注·渭水》载:(枲水)水出西南雀富谷,东北迳襄武县南,东

北流入于渭。

[11]《水经注·渭水》载：赤亭水出郡（南安郡）之东东山赤谷，西流迳城北，南入渭水。

[12]《水经注·渭水》载：（粟水）水出西南安都谷，东北流注于渭。

[13]《水经注·渭水》载：（武城川水）出鹿部西山，两源合注，东北流迳鹿部南，亦谓之鹿部水。

[14]"邱"同"丘"。《水经注·渭水》载：昌丘水出西南丘下，东北注武城水，乱流东北注渭水。

[15]"邱"当为"两"。《水经注·渭水》载：渭水又东入武阳川，又有关城川水出南，安城谷水出北，两川参差注渭水。

[16]《水经注·渭水》载：渭水又东，有落门西山东流，三谷水注之，三川统一，东北流注于渭水。

[17]《元和郡县图志》卷三十九《陇右道上》载：落门水，出县（陇西县）东南落门谷。

[18]《水经注·渭水》载：渭水自落门东至黑水峡，左右六水夹注。

[19]"佩带众溪"当为"带佩众溪"。《水经注·渭水》载：渭水东历县（上邽）北邽山之阴，流迳固岭东北，东南流，兰渠川水出自北山，带佩众溪，南流注于渭。

[20]《水经注·渭水》载：渭水又历桥亭南，而迳绵诸县东，与东亭水合，亦谓之为桥水也，清水又或为通称矣。

[21]《山海经·西山经》载：（泾谷之山）泾水出焉，东南流注于渭。

[22]《水经注·渭水》载：渭水又东南出石门，度小陇山，迳南由县南，东与楚水合。

[23]《山海经·西山经》载：（数历之山）楚水出焉，而南流注于渭。

[24]《水经注·渭水》载：（楚水）世所谓长蛇水，……楚水又南流泾于渭。阚骃以是水为汧水焉。

[25]《元和郡县图志》卷二《关内道二》载：（南由县）长蛇川，在县西一百步。

《关中水道记》校释

[26]《水经注·渭水》载:渭水又东迳西武功北,俗以为散关城,非也。……渭水又与扞水合,水出周道谷,北迳武都故道县之故城西,……其水又东北历大散关而入渭水也。《水经注疏》卷十七载:"戴捍改扞,捍、扞同。"

[27]《水经注·渭水》载:渭水又东南,右合南山五溪水,夹涧流注之。

[28]《水经注·渭水》载:陈仓水出于陈仓山下,东南流注于渭。

[29]《水经注·渭水》载:渭水又东与绥阳溪水合,其水上承斜水,水自斜谷分注绥阳溪,北届陈仓入渭。

[30]《吕氏春秋·观世》载:太公钓于滋泉,遭纣之世也,故文王得之。

[31]《水经注·渭水》载:渭水之右,磻溪水注之,水出南山兹谷,乘高激流,注于溪中,溪中有泉,谓之兹泉。……其水清冷神异,北流十二里注于渭。

[32]《山海经·西山经》载:(大时之山)涔水出焉,北流注于渭。

[33]此句或是佚文,见陈桥驿《水经注校注》卷十八《渭水》注释[二]。

[34]《水经注·渭水》载:渭水又东,温泉水注之,水出太一山,其水沸涌如汤,杜彦远曰:可治百病,世清则疾愈,世浊则无验。

[35]"里",丛书初编集成本作"理"。《新唐书》卷三十七《地理志》载:郿,有太白山,有凤泉汤。

[36]《长安志》卷十八载:韦谷,在县(盩厔)西南三十里。

[37]《长安志》卷十八载:强弩谷,在县(盩厔)西南二十五里。

[38]"骆",当为"洛"。《水经注·渭水》载:渭水又东,洛谷之水出其南山洛谷,北流迳长城西,魏甘露二年,蜀遣姜维出洛谷,围长城,即斯地也。

[39]《长安志》卷十八载:沙河,在县(盩厔)东二里。自终南山北流,经县界三十五里入渭。

[40]《水经·渭水》载:(渭水)又东,芒水从南来流注之。……芒水出南山芒谷,北流迳玉女房,……芒水又北迳盩厔县之竹圃中,分为二水。

[41]《长安志》卷十八载:韩水,在县(盩厔)北三十里,出终南山蒲涧,北流二十五里入渭。

[42]《水经注·渭水》载:渭水又东北迳黄山宫南,……就水注之,水出

南山就谷，北迳大陵西，……就水历竹圃北，与黑水合，水上承三泉，就水之右，三泉奇发，言归一渎，北流，左注就水。就水又北流注于渭。

[43]《水经注·渭水》载：渭水又东合田溪水，水出南山田谷，北流迳长杨宫西，又北迳盩厔县故城西。

[44]"今水"，丛书集成初编本作"水今"。

[45]《水经·渭水》载：渭水又东合田溪水，水出南山田谷，北流迳长杨宫西，又北迳盩厔县故城西，又东北与一水合。水上承盩厔县南源，北迳其县东，又北迳思乡城西，又北注田溪。田溪水又北流，注于渭水也。

[46]《长安志》卷十八载：田谷河，在县（盩厔）东南三十五里。出终南山下，北流入黑水河。

[47]《山海经·西山经》载：（南山）丹水出焉，北流注于渭。

[48]《水经注·渭水》载：渭水又迳槐里县故城南，……东有漏水，出南山赤谷，东北流迳长杨宫东，……漏水又北历苇圃西，亦谓之仙泽。又北迳望仙宫。

[49]《水经注·渭水》载：（耿谷水）水发南山耿谷，北流与柳泉合，东北迳五柞宫西，……其水北迳仙泽东，又北迳望仙宫东，又北与赤水会，又北迳思乡城，又北注渭水。

[50]《长安志》卷十五：耿谷水，在县（鄠县）西南三十里。阔三步，深一尺，其底并碎沙石。北流入兴平县界，合渭水。

[51]《吕氏春秋·先己》载：夏后相与有扈战于甘泽而不胜。

[52]《水经注·渭水》载：渭水又东合甘水，水出南山甘谷，北迳秦文王萯阳宫西，又北迳五柞宫东，又北迳甘亭西。

[53]《长安志》卷十五：甘谷水，在县（鄠县）西南二十二里。阔三步，深一尺，其底并碎沙石。北流入兴平县界，合渭水。

[54]《水经注·渭水》载：涝水北注甘水，而乱流入于渭。

[55]《长安志》卷十五：扈阳谷水，《十道志》曰："一名扈水，又名马腹陂水。"《水经注》曰："扈水上承扈阳池。"

[56]《长安志》卷十五：没猪泉，在县（鄠县）东南。其源澄湛，俗传昔有

《关中水道记》校释

野猪没而为泉。

[57]"滴水",当为"沇水"。《水经注·渭水》载:渭水又东与沇水枝津合,水上承沇水,东北流迳邓艾祠南,又东分为二水,一水东入逍遥园,注藕池中,……其一水北流注于渭。

[58]《水经注·渭水》载:(渭水)又东过霸陵县北,霸水从县西北流注之。

[59]《长安志》卷十五载:水碓河,在县(临潼)西五里。

[60]《水经注·渭水》载:池水又西北流,水之西南有温泉,世以疗疾。《三秦记》曰:"丽山西北有温水。"

[61]"磐",当为"盘"。

[62]"沟",当为"北"。《水经注·渭水》载:渭水右迳新丰县故城北,东与鱼池水会,水出丽山东北,……西北流,迳始皇冢北。……池水又迳鸿门西,又迳新丰县故城东,……其水际城北出,世谓是水为阴槃水。又北绝漕渠,北注于渭。

[63]《长安志》卷十五载:阴盘城河水,在县(临潼)东北一十四里。出县北杨社村。鱼池水,在秦始皇陵东北五里,周四里。

[64]《史记》卷六《秦始皇本纪》正义引《关中记》云:始皇陵在骊山,泉本北流,障使东西流。

[65]《汉书》卷一上《高帝纪上》注应劭曰:章字文,陈人也。戏,弘农湖县西界也。孟康曰:水名也。

[66]《金史》卷二十六《地理志下》载:临潼,有骊山、渭水、戏水。

[67]《水经注·渭水》载:水(戏水)出骊山冯公谷,东北流,又北迳丽戎城东,……又北,右总三川,迳鸿门东,又北迳戏亭东。……戏水又北分为二水,并注渭水。

[68]《汉书》卷一上《高帝纪上》师古曰:戏在新丰东,今有戏水驿。其水本出蓝田北界横岭,至此而北流入渭。

[69]《长安志》卷十五载:《两京道里记》曰:"戏水,周幽王以褒姒游于此,故以为名,水至浊,北流入渭。"

[70]《太平寰宇记》卷二十七《关西道三》载:戏水,在县(昭应)东二十七里。

[71]《水经注·渭水》载:渭水又东,泠水入焉,水南出肺浮山,盖丽山连麓而异名也。

[72]《太平寰宇记》卷二十七《关西道三》载:百丈水,即泠水之别名,历阴盘、新丰两原之间,北流注于渭。

[73]"出县西南零谷",当为"出县西南"。《长安志》卷十七载:杜化谷水,出县西南。

[74]《水经注·渭水》载:渭水又东,苜水南出倒虎山,西总五水,单流迳秦步高宫东,……历新丰原东而北迳步寿宫西,又北入渭。

[75]《元和郡县图志》卷一《关内道一》载:苜水,出县西南石楼山,北入渭。

[76]《水经注·渭水》载:渭水又东得西阳水,又东得东阳水,并南出广乡原北垂,俱北入渭。

[77]《山海经·西山经》载:(英山)又西五十二里,曰竹山……竹水出焉,北流注于渭。

[78]《水经注·渭水》载:渭水又东迳下邽县故城南,……渭水又东与竹水合,水南出竹山北,迳媚加谷,历广乡原东,俗谓之大赤水,北流注于渭。

[79]《太平寰宇记》卷二十九《关西道五》载:竹水,亦曰大赤水,又名箭谷水。

[80]《水经注·渭水》载:渭水又东合沙渠水,水即符禺之水也,南出符山,又迳符禺之山,北流入于渭。

[81]"三十",当为"二十三"。《新唐书》卷三十七《地理志一》载:(郑县)西南二十三里有利俗渠,引乔谷水。

[82]《水经注·渭水》载:渭水又东,西石桥水南出马岭山,……其水北迳郑城西,水上有桥,……故世以桥名水也。

[83]"水敷谷水"当为"小敷谷水"。《新唐书》卷三十七《地理志一》载:

《关中水道记》校释

(郑县)东南十五里有罗文渠,引小敷谷水,支分溉田,皆开元四年诏陕州刺史姜师度疏故渠,又立堤以捍水害。

[84]《水经注·渭水》载:渭水又东与东石桥水会,故沈水也,水南出马岭山,……又北迳沈阳城北,注于渭。

[85]《汉书》卷二十八上《地理志上》载:沈阳,莽曰制昌。

[86]《水经注·渭水》载:渭水又东,敷水注之,水南出石山之敷谷,北迳告平城东,……敷水又北迳集灵宫西,……而北流注于渭。

[87]"际",当为"阴"。《山海经·中山经》载:余水出于其阴,而北流注于河。

[88]《水经注·渭水》载:渭水又东,粮余水注之,水南出粮余山之阴,北流入于渭,俗谓之宣水也。

[89]《山海经·中山经》载:(良余山)又东南十里,曰蛊尾之山……又东北二十里,曰升山……黄酸之水出焉,而北流注于河。

[90]《水经注·渭水》载:渭水又东合黄酸之水,世名之为千渠水,水南出升山,北流注于渭。

[91]《太平寰宇记》卷二十九《关西道五》:车箱谷,一名车水注,在县西南二十五里,去敷水谷七里。深不可测,祈雨者以石投之,其中有一鸟飞出,应时获雨。

[92]《水经注·渭水》载:渭水又东,迳长城北,长涧水注之,水南出太华之山,侧长城而北流,注于渭水。

[93]《水经注·渭水》载:渭水又东,沙渠水注之。水出南山北流,西北入长城,……渠水又北注于渭。

[94]《水经注·渭水》载:渭水又东,迳定城北,……渭水又东,泥泉水注之,水出南山灵谷,而北流注于渭。

[95]《汉书》卷二十八下《地理志下》载:首阳,《禹贡》鸟鼠同穴山在西南,渭水所出,东至船司空入河,过郡四,行千八百七十里。

汧　水

汧水，出陕西凤翔府陇州陇山。《尔雅》："汧出不流。"[1]又曰："水决之泽为汧。"[2]《地里志》："汧县，汧水出西北，入渭。"[3]《郡国志》："汧有吴岳山，本名汧，汧水出。"[4]《括地志》："汧水原出汧原县西南岍山，东入渭水。"[5]今水出陇山，山在州西六十里。《水经注》所云水有二原，一水出县西山，世谓之小陇山者也。[6]东南流，有水从关山东注之，俗称关山河。魏王泰说汧水出县东南，当以此为汧原也。其水合流又东，蒲谷水北注之。《地里志》："汧，北有蒲谷乡弦中谷。"[7]郑康成注《周礼》、郭璞注《尔雅》，亦皆以弦蒲为在此，[8]弦汧声相近。今州四十里有蒲谷寨焉，水所出而入汧也。汧水又东迳县境南，北河水南入之，水出县北白崖铺，流会温泉水，迳州城北，屈南入于汧水。汧水又东南，白龙泉入焉。《水经注》："汧水东迳汧县故城北，右得白龙泉，泉径五尺，源穴奋通，沦漪四泄，东北流注于汧。"[9]今水出州东南犁林川，俗称金水，《明一统志》谓即白龙泉也。[10]汧水又东，别原东注之。《水经注》："汧水东会一水，水发南山，俗以此山为吴山，山下石穴广西尺，高七尺，水溢石空，发原成川，北流注于汧。"[11]今水发望辇峰，俗称此水为八度河，亦曰一水河。道元一水之说，乃言别原，非是水号，志家书之，斯为劣矣。汧水又东，入汧阳县界，草壁谷溪自石鱼沟南流入之。《太平寰宇记》："汧阳县，段太尉冢，在县西北四十里万善乡十里草僻川西。"[12]谓此川也。次东，晖川河南入之，水出冯坊里北，山水之所丛注也，泛流南注七十里入于汧。汧水又东，诸施沟入之，水出县北天台上，南流入汧，今渐湮塞。汧水又迳县境南，天池沟水南注之，水出县东马鞍山也。汧水又东，历小石门、大石门，水南有岭，疑即《水经注》之所谓东南历慈山者也，[13]今俗以慈山为在陇州西，非也。汧水又东南，涧口河水南注之，水出县东北七十里土王山，山与凤翔接界。汧水又东南迳凤翔县西，又南至迳宝鸡县东，入于渭

《关中水道记》校释

水。汧水于陇州汧阳之间,枝渠千名,是资灌溉,于中阪隩纡回,胜畴沃美,雍州三薮,是其一焉,览其川域,致河慰也。[14]

[1]《尔雅·释水》载:汧出不流,水泉潜出便自停成污池。

[2]《尔雅·释水》载:水决之泽为汧。水决入泽中者亦名为汧。

[3]《汉书》卷二十八上《地理志上》载:(汧县)汧水出西北,入渭。

[4]《后汉书·志第十九·郡国一》载:汧,有吴岳山,本名汧,汧水出。

[5]《括地志辑校》卷一载:汧水源出陇州汧原县西南汧山,东入渭。

[6]《水经注·渭水》载:水有二源,一水出县西山,世谓之小陇山。

[7]《汉书》卷二十八上《地理志上》载:汧县,北有蒲谷乡弦中谷,雍州弦蒲薮。

[8]《周礼·职方氏》载:弦蒲,在汧。《尔雅疏·释地》载:雍州,云其泽薮曰弦蒲,郑注云在汧。

[9]《水经注·渭水》载:(龙鱼川)川水东迳汧县故城北,……右得白龙泉,泉径五尺,源穴奋通,沧漪四泄,东北流注于汧。

[10]《明一统志》卷三十四载:金泉,在陇州南四十一里,一名白龙泉,其水东北注汧。

[11]"西"当为"四"。丛书集成初编本为"四"。《水经注·渭水》载:汧水又东会一水,水发南山西侧,俗以此山为吴山,……山下石穴广四尺,高七尺,水溢石空,……发源成川,北流注于汧。

[12]"万善乡十里草僻川西",当为"万善乡黑草僻川西"。《太平寰宇记》卷三十二《关西道八》载:(汧阳县)段太尉冢,在县西北四十里万善乡黑草僻川西。

[13]《水经注·渭水》载:汧水东南历慈山。

[14]"河"当为"可"。丛书集成初编本为"可"。

斜　　水

斜水出陕西凤翔府郿县西南太白山。《地里志》:"武功,斜水出衙岭山北,至郿入渭。"[1]《水经注》:"武功县,渭水于县,斜水自南来注之。水出县西南衙岭山,北历斜谷,迳五丈原东,余水出武功县,故亦谓之武功水也,其水北流,注于渭。"[2]张守节按《括地志》云:"斜水原出褒城县西北九十八里衙岭山,与褒水同源而派流。"[3]今衙岭山在汉褒城县故城北,俗有马道山、凤凰山、四州山、石笋山之名,北则郿县也。志家以为水出太白山,山在郿县东南四十里,北流迳岐山县南界,俗称桃川也。又东北迳郿县斜谷关,左合青峰涧水,又北,朱石涧水北注之,水皆在斜谷关内也。斜水又东北,枝津东出,迳马鞍山,屈北为清水河,迳红崖北流入渭,一水于马鞍山东出,俗称磨渠河,北流与苍龙谷水合,北流东迳郿县南,入于乾沟河水。斜水自斜谷关西北流,迳五丈原,又北入于渭。《山海经》:"南山四百八十里曰太时之山,涔水出焉,北流注于渭,清水出焉。"[4]南流注于汉水,今南山之西百余里,则太白山也。褒水入汉,斜水入渭,是合经说。然则斜水即《山海经》之涔水,涔涂或字之误耳,考验川流,古今符合,昔人许以传疑,姑证所见焉。

[1]《汉书》卷二十八上《地理志上》载:斜水出衙岭山北,至郿入渭。

[2]《水经注·渭水》载:渭水于县,斜水自南来注之。水出县西南衙岭山,北历斜谷,迳五丈原东,诸葛亮《与步骘书》曰:"仆前军在五丈原,原在武功西十里余。水出武功县,故亦谓之武功水也。……其水北流注于渭。"而《诸葛亮集》卷一《与步骘书》载:仆前军在五丈原,原在武功西十里。故当为"余水出武功县"。

《关中水道记》校释

[3]《史记》卷二十九《河渠书》正义:《括地志》云:褒谷在梁州褒城县北五十里。斜水源出褒城县西北九十八里衙岭山,与褒水同源而派流。

[4]"四"当为"西"。《山海经·西山经》载:(南山)又西百八十里,曰大时之山……涔水出焉,北流注于渭,清水出焉,南流注于汉水。

雍　水

雍水出陕西凤翔府凤翔县西北雍山。《水经注》:"渭水又东迳雍县南,雍水注之,水出雍山,东南流历中牢溪,世谓之中牢水,亦曰冰井水。"[1]《太平寰宇记》:"天兴县,雍水,在县北二里,原出平地。"[2]今水出雍山,山在县西北三十里,水出而南流,迳县境西,屈东迳三良墓南。昔秦穆公赐饮群臣,要之同穴,三良自殉焉,诗人之所讥矣。雍水又溢出为东湖,宋苏轼赋《凤翔八观》之一也。[3]雍水又东,左阳水南注之。《水经注》:"左阳水,世名之西水,水出左阳溪,南流迳岐州城西,又南流注于雍水。"[4]今水出县北黄花谷东,俗名塔寺水,南流迳县境东,右会邓公泉。《水经注》:"邓公水出邓艾祠,故曰邓公泉。数原俱发于雍县故城南,邓泉东流注于雍。"[5]今邓公泉水于城东南合左阳水入雍,盖川流迁状耳。《水经注》于此又有东水迳岐州城东而南合雍水,[6]疑即东湖,非所详矣。雍水又迳虢王镇北,古西虢地,《太康地里志》以为虢叔之国矣。[7]又东入岐山界,横水合漆水来注之。雍水又东,漳谷水南注之,雍水自下通有漳水之名。《汉书·沟洫志》:"关中有漳渠。如淳曰:漳水出韦谷。"[8]《太平寰宇记》:"岐山县漳谷水,原出县东北六里漳谷也,南流入扶风界。"[9]今俗称此水为鲁班沟水也。雍水又东,龙尾沟南入焉。又东,麻叶沟南入焉。雍水又东,入扶风县界,又迳县境南,时沟河水南注之,水出县西北岐山界,迳县东入雍水。雍水又东,美水南注之,水出县西北五十里美山,东南流,秦川水西注之,合流南注于雍水。雍水又东,入乾州

· 70 ·

武功县界。又迳县南,杜水来会焉。《水经注》:"雍水又南,迳美阳县之中亭川,合武水。"[10]今俗称此水为武亭河也。雍水又东南,至桥头入于渭。

[1]《水经注·渭水》载:渭水又东迳雍县南,雍水注之,水出雍山,东南流,历中牢溪,世谓之中牢水,亦曰冰井水。

[2]《太平寰宇记》卷三十《关西道六》载:(天兴县)雍水,在县北二里,源出县西北平地。

[3]苏轼《凤翔八观》,其中之一为《东湖》。

[4]《水经注·渭水》载:雍水又东,左会左阳水,世名之西水,水北出左阳溪,南流迳岐州城西,……左阳水又南流注于雍水。

[5]《水经注·渭水》载:(邓公泉)水出邓艾祠北,故名曰邓公泉。数源俱发于雍县故城南,……邓泉东流注于雍。

[6]《水经注·渭水》载:雍水又与东水合,俗名也。北出河桃谷,南流,右会南源,世谓之返眼泉,乱流南迳岐州城东,而南合雍水。

[7]《水经注·渭水》载:《太康地记》曰:虢叔之国矣。有虢宫,平王东迁,叔自此之上阳,为南虢矣。

[8]《汉书》卷二十九《沟洫志》载:而关中灵轵、成国、湋渠引诸川……如淳曰:湋音韦,水出韦谷。

[9]《太平寰宇记》卷三十《关西道六》载:湋谷水,源出县(岐山县)东北六里湋谷,南流入扶风县界。

[10]《水经注·渭水》载:雍水又南,迳美阳县之中亭川,合武水。

漆　　水

漆水,出陕西凤翔府麟游县西俞山。《夏书》:"漆沮既从。"[1]《诗》:"自

《关中水道记》校释

土沮漆。"[2] 桑钦《水经》:"漆水出扶风杜阳县俞山,东北入于渭。"[3]《说文解字》:"漆水出右扶风杜阳县岐山。"[4]《地里志》:"漆水在漆县西(漆县故城在县西)。"[5]《括地志》:"漆水原出岐州普润县东南岐漆山漆溪,东入渭",[6] 皆是此漆也。今俞山俗称青莲山,在县西百二十里,漆山出而东南流,岐水南注之。《淮南·墬形训》:"岐出石桥。"[7]《水经注》:"大峦水出杜阳县西北大道川,南流入漆,即故岐水也。"[8] 岐水有峦水之名,当即《吕氏春秋》所谓啮王季之墓者矣,[9] 其水出普润故城东南,南流入漆。漆水又东南入岐山县界,横水出杜阳山注之,山在凤翔县东北二十五里。《水经注》:"横水出杜阳山,其水南流,谓之杜阳川,东南流,左会漆水者也。漆水自下,又有水横水南流川之名,又以为通得岐水之目矣。"[10] 其水又东,润德泉南注之,水出周公庙也。漆水又东,过南寺沟水南入焉,又东迳县境南县,即古姜氏城也,《水经注》于此又有姜水之名。[11] 漆水又东,入于雍水。汉儒言此水入渭,今入雍,盖合雍而又渭也。郭璞注《山海经》、刘昭注《郡国志》皆以为即《山海经》出俞次山之漆水,[12] 按其道里,非也。

[1]《尚书·禹贡》载:漆沮既从,丰水攸同。

[2]《诗经·大雅·绵》载:民之初生,自土沮漆。

[3]《水经·漆水》载:漆水出扶风杜阳县俞山东,北入于渭。

[4]《说文解字·水部》载:漆水,出右扶风杜陵岐山,东入渭,一曰入洛。

[5]《汉书》卷二十八上《地理志上》载:漆,水在县西。有铁官。莽曰漆治。

[6]《括地志辑校》卷一载:漆水源出岐州普润县东南岐漆山漆溪,东入渭。

[7]《淮南子·墬形训》载:岐出石桥。

[8]《水经注·渭水》载:漆渠水南流,大峦水注之。水出西北大道川,东南流入漆,即故岐水也。

[9]《吕氏春秋·开春》载:惠公曰:昔王季历葬于涡山之尾,栾水啮其墓。

[10]《水经注·渭水》载:(雍水)又东南流与横水合,水出杜阳山,其水南流,谓之杜阳川。东南流,左会漆水,水出杜阳县之漆溪,谓之漆渠。……二川并逝,俱为一水,南与横水合,自下通得岐水之目,俗谓之小横水,亦或名之米流川。

[11]《水经注·渭水》载:岐水又东,迳姜氏城南为姜水。

[12]《后汉书·志第十九·郡国》载:《山海经》曰:瀚次之山,漆水出焉。郭璞曰:"漆水出岐山。"《诗》云自土沮、漆。《地道记》曰水在县西。

杜　　水

杜水,出陕西凤翔府麟游县西杜山。颜师古案《齐诗》:"自杜沮漆。"[1]《地里志》:"杜阳,杜水南入渭。"[2]《水经注》:"武水发杜阳县大岭侧,东西三百步,南北二百步,世谓之赤泥岘。沿波历涧,俗名大横水也,疑即杜水矣。"[3]《隋书·地里志》:"普润县,有杜水。"[4]《太平寰宇记》:"普润县,杜水原出县东南溪涧间。"[5]今水出县西杜山,山在招贤镇,去县五十里,即郦道元所谓大岭也,水行石涧中,东南流,至故九成宫西,海口水自凤台山南注于杜水。杜水又东,清水河北注之。《水经注》:"杜水又东,二坑水注之,水有二原,一北出西北,与渎雠水合,而东历五将山。"[6]今水出县西南五将山东山,去县十二里,水合青莲山、箭括山二流,北入于杜,俗谓清水为清水河也,北则五龙泉水南注之,其水作酒,味甚酷焉,有熙宁王竦石刻,今不存矣。杜水又东迳县境南,澄水南注之,志家谓即《水经注》之乡谷水,[7]非所详也,水出县北,澄名里纳岭西河诸水入于杜。杜水又东迳石臼山,右得史家河水,又左得尉迟涧水,世传敬德开路于此也,屈南迳乾州西,又南入武功界,莫水会焉。《水经注》:"莫水出好畤县梁山大岭东,南迳梁山宫西。"[8]《太平寰宇记》:"永寿原莫谷水原出高泉山,名安阳泉,南流历莫谷,改名莫谷

· 73 ·

水。"[9]山在今永寿县北麻亭岭,俗称沐浴河。莫谷,声之误也,南流迳乾州西北,又南至武功县西入于雍水,雍水又东南至桥头入于渭,志家疑沐浴水为沮水,云关西人读浴若于沮,沮固易讹,其言盖无稽矣。

[1]《汉书》卷二十八上《地理志上》颜师古注曰:《大雅·绵》之诗曰:人之初生,自土、漆、沮,《齐诗》作自杜,言公刘避狄而来居杜与漆、沮之地。

[2]《汉书》卷二十八上《地理志上》载:杜阳,杜水南入渭。

[3]《水经注·渭水》载:雍水又南,迳美阳县之中亭川,合武水,水发杜阳县大岭侧,东西三百步,南北二百步,世谓之赤泥岘。沿坡历涧,俗名大横水也,疑即杜水矣。

[4]《隋书》卷二十九《地理志上》载:普闰,大业初置。有仁寿宫。有漆水、岐水、杜水。

[5]《太平寰宇记》卷三十《关西道六》载:杜水,源出县(普润县)东南溪涧间。

[6]《水经注·渭水》载:杜水又东,二坑水注之,水有二源,一水出西北,与渎魋水合,而东历五将山。

[7]《水经注·渭水》载:(乡谷)水出乡溪,东南流入杜水,谓之乡谷川。

[8]《水经注·渭水》载:(莫)水出好畤县梁山大岭东,南迳梁山宫西。

[9]《太平寰宇记》卷三十一《关西道七》:莫谷水,源出高泉山,名安阳泉。南流历莫谷,改名莫谷水。后魏于水西置县,因名莫西县也。

涝　　水

涝水,出陕西西安府盩厔县东南涝谷。司马相如赋八川有潦。[1]《说文》:"涝水出扶风鄠县,北入渭。"[2]桑钦《水经》:"渭水又东过槐里县南,涝水从南来注之。"[3]涝水出南山涝谷,北迳汉宜春苑,又北迳鄠县故城西,涝水际其城北出合渼陂水,涝水北注甘水,而乱流入于渭。[4]《隋书·地里志》:"鄠县有涝水。"[5]今水出县涝谷,东北流,西入鄠县境,北流入县西,左得渼陂。《说文》:"渼陂,在鄠县,周十四里。"[6]北流入涝水者也,渼陂又合胡公白沙诸泉,今水渐微矣。涝水又北,得檀谷水。《太平寰宇记》:"鄠县,檀谷水出终南山檀谷中,长乐渠水之上流。"[7]今谷在县南二十里,水出而北沇,与直谷水合,今称吕公河。又曰:白公河,明知县吕仲信之所引也,知县白应辉复加浚焉,是有其名,亦若郑白之名,不忘遗爱矣,其水迳县东,又屈迳县北,西入于涝水。涝水又东北,迳元村,又迳咸阳县西南入于渭。郦道元说此水入甘,今自入渭,盖古今世殊,川流改状也。志家又以为《山海经》入滽之涝,非也。案,《中山经》:"牛首之山,涝水出焉,而西流注于渭,其山在霍山南四十里。霍山在山西霍太山,涝水今在山西汾山县,郦道元以为巢山水是也。"[8]乐史、宋敏求因鄠县有牛首山,乃移山西之涝水于此,已谬经证。[9]志家又以其不入于滽,并惑《山海经》岂不诬哉。

[1]《史记》卷一百一十七《司马相如列传》载:荡荡兮八川分流,相背而异态。

[2]《说文解字·水部》载:涝水,出扶风鄠,北入渭。

[3]《水经注·渭水》载:(渭水)又东过槐里县南,又东,涝水从南来注之。

[4]《水经注·渭水》载:甘水又东得涝水口,水出南山涝谷,北迳汉宜春观东,又北迳鄠县故城西,涝水际城北出,合渼陂水,……涝水北注甘水,而乱流入于渭。

[5]《隋书》卷二十九《地理志上》载:鄠,有涝水。

[6]《长安志》卷十五载:又《说文》曰:"渼陂,在京兆鄠县,其周一十四里,北流入涝水。"

[7]《太平寰宇记》卷二十六《关西道二》载:檀谷水,长乐渠水之上流也,源亦出终南檀谷中。

《关中水道记》校释

[8]《水经注·汾水》载：黑水出黑山，西迳杨城南，又西与巢山水会。《山海经》曰："牛首之山，劳水出焉，西流注于潏水。"疑是水也。潏水，即巢山之水也。

[9]《太平寰宇记》卷二十六《关西道二》载：牛首山，涝水出焉，而注于潏水。

丰 水

丰水，出陕西西安府鄠县东南丰谷。《夏书》："丰水攸同。"[1]《诗》："丰水东注，维禹之绩。"传曰："尧时洪水，丰水亦泛滥为害，禹治之，使入渭，东注河。"[2]《地里志》："鄠，鄠水出东南，北过上林苑入渭。"[3]《水经注》："丰水出丰溪，西北流分为二水，一水东北流为枝津，一水西北流。"[4]《元和郡县志》："丰水出县东南终南山，自发原北流，东二十八里，北流入渭。"[5]宋敏求《长安志》："鄠县，丰水出县西南五十五里终南山丰谷，其原阔十五步，其下阔六十步，水深三尺，自鄠县界来。"[6]今谷在县东南与长安县分界也，北流入长安县界，左合高观谷水，水出鄠县高观谷，谷在丰谷西。《长安志》："鄠县，高观谷水在县东南三十里，阔三步，深一尺，是也。"[7]其水北流注于丰，丰水又北，又左合太平谷水，水出鄠县太平谷，谷在高观谷西。《长安志》："鄠县，太平谷水在县东南三十里，阔七步，深三尺。《十道志》曰：'一名林谷水是也。'"[8]其水北流注于丰，丰水又北，交水入焉。《水经注》："丰水又北，右会交水，自东入焉"，[9]水即潏水滈水之所合也。丰水又北，右纳漉池水，俗种圣女泉。郦道元说《毛诗》云："漉，流浪也。而世传以为水名也。"[10]又说漉池入滈，[11]今丰水改流会滈水，故漉池水入丰，不如郦道元所云矣。丰水又北入咸阳县界，入于渭。按，《水经》："渭水过槐里县，又东，丰水从南来注之。"[12]又案，《地说》云："渭水与丰水会于短阴山。"[13]《元和郡县志》："咸阳县短阴原在县西南二十里是也。"[14]又郦道元说漉池注滈，今

· 76 ·

滮池实注丰。考《上林赋》注,郭璞曰:鄗水,丰水下流也,[15]是二水通称矣。《诗》言东注而水乃西北者。郦道元释《水经》北流,有自北而南之说。古人语质,或亦自东而西也,如郑注则云合渭而东矣。

[1]《尚书·禹贡》载:漆沮既从,丰水攸同。

[2]《毛诗注疏》卷十六《大雅》载:丰水东注,维禹之绩。四方攸同,皇王维辟。传:绩,业。皇,大也。笺云:绩,功。辟,君也。昔尧时洪水,而丰水亦泛滥为害。禹治之,使入渭,东注于河,禹之功也。

[3]《汉书》卷二十八上《地理志上》载:丰水出东南,又有滈水,皆北过上林苑入渭。

[4]《水经注·渭水》载:丰水出丰溪,西北流分为二水:一水东北流为枝津,一水西北流。

[5]《元和郡县图志》卷二《关内道二》载:丰水,出县(鄠县)东南终南山,自发源北流,经县东二十八里,北流入渭。

[6]《长安志》卷十二载:丰水,出县西南五十五里终南山丰谷。其原阔一十五步,其下阔六十步,水深三尺,自鄠县界来,经县界。

[7]《长安志》卷十五载:高观谷水,在县东南三十里,阔三步,深一尺。其底并碎砂石。北流入长安县界,合丰水。

[8]"三尺",当为"二尺"。《长安志》卷十五载:太平谷水,在县东南三十里,阔七步,深二尺。其底并碎砂石。北流入长安县界,合丰水。《十道志》曰:"太平谷水,一名林谷水。即清水上流也,源亦出终南山。"

[9]《水经注·渭水》载:(丰水)又北,交水自东入焉。

[10]《水经注·渭水》载:滮,流浪也。而世传以为水名矣。

[11]《水经注·渭水》载:鄗水又北流,西北注与滮池合,水出鄗池西,而北流入于鄗。

[12]《水经注·渭水》载:(渭水)又东过槐里县南,又东,涝水从南来注之。……又东,丰水从南来注之。

[13]《关中胜迹图志》卷三载:渭水与丰水会于短阴山,今名短阴原,在咸阳西南二十里。

[14]《元和郡县图志》卷一《关内道一》载:短阴原,在县(咸阳县)西南二十里。

[15]《史记》卷一百一十七《司马相如列传》索隐:郭璞云:鄗水,丰水下流也。

镐　　水

镐水出陕西西安府长安县南。《诗》:"宅是镐京。"[1]司马相如赋八川有镐。[2]《水经注》:"渭水又迳太公庙北,又东北与鄗水合,水上承鄗池于昆明池北,周武王之所都也。"[3]《史记》注孟康曰:"长安西南有镐池。"[4]《史记》注徐广曰:"镐在上林昆明北,有镐池,去丰二十五里,皆在长安南数十里。"[5]张守节案《括地志》:"滈水原出雍州长安县西北滈池。"[6]郦道元注《水经》云:"滈水承滈池,北流入渭。"[7]今案滈池水流入来通渠,盖郦道元误。宋敏求按《图经》云:"水在县西八十里,自鄠县界入本县界,十里入清渠。"[8]今水有数原,一水出石壁谷,北流右合交谷水,交镐声之误也。合流又西,豹林谷水、子午谷水皆北注焉。滈水又西北,迳御宿川,川在县西南四十里。《汉书·百官表》:"武帝元鼎二年置御羞、禁圃、令丞。"杨雄赋作箭宿。[9]即此,宿羞声相近也,于文御当为篽也。镐水又北,潏水西入焉。镐水于此有交水河之名,《水经注》"丰水西北流分为二水,一水西北流,又北,交水自东入焉"[10]是也,又北与丰水合,又北迳长安故城西,右与圣女泉合。《水经注》:"鄗水又北流,西北注与滮池合,水出鄗地西,而北流入于鄗。"[11]今鄗在池西,又非故道。盖自汉至隋,地临禁苑,陂池开凿,屡有迁移,多非旧迹也。《水经注》说渭水于长安县北东北为二水,又称《广雅》水自渭水为荥,以为犹河之有雍。[12]今水并无分,疑郦道元以合滈之处为分支耳。荥滈声相近,即滈水也。滈水又北,于咸阳东南入于渭。

· 78 ·

[1]《诗经·大雅·文王有声》载:考卜维王,宅是镐京。

[2]《史记》卷一百一十七《司马相如列传》载:荡荡兮八川分流,相背而异态。索隐:此下文"八川分流",则从泾、渭、灞、浐、丰、镐、潦、潏为八。

[3]《水经注·渭水》载:渭水又迳太公庙北,……渭水又东北与鄗水合,水上承鄗池于昆明池北,周武王之所都也。

[4]《史记》卷六《秦始皇本纪》集解:孟康曰:长安西南有镐池。

[5]《史记》卷四《周本纪》集解:徐广曰:丰在京兆鄠县东,有灵台。镐在上林昆明北,有镐池,去丰二十五里。皆在长安南数十里。

[6]《史记》卷六《秦始皇本纪》正义:《括地志》云:"滈水源出雍州长安县西北滈池。"郦元注《水经》云"滈水承滈池,北流入渭"。今按:滈池水流入来通渠,盖郦元误矣。

[7]《水经注·渭水》载:鄗水又北流,西北注与滮池合,水出鄗池西,而北流入于鄗。

[8]《长安志》卷十二载:今《图经》滈水在县西四十里,其水自鄠县界入本县界十里,入清渠。

[9]《汉书》卷十九上《百官公卿表》载:水衡都尉,武帝元鼎二年初置,掌上林苑。……属官有上林、均输、御羞、禁圃、辑濯、钟官、技巧、六厩、辩铜九官令丞。如淳曰:御羞,地名也,在蓝田,其土肥沃,多出御物可进者,《扬雄传》谓之御宿。《三辅黄图》御羞、宜春皆苑名也。辑濯,船官也。钟官,主铸钱官也。辩铜,主分别铜之种类也。

[10]《水经注·渭水》载:丰水出丰溪,西北流分为二水:……一水西北流,又北,交水自东入焉。

[11]《水经注·渭水》载:鄗水又北流,西北注与滮池合,水出鄗地西,而北流入于鄗。

[12]《水经注·渭水》载:渭水东分为二水,《广雅》曰:水自渭出为荥,其犹河之有雍也。

《关中水道记》校释

潏　水

潏水,出陕西西安府咸宁县东南南山。司马相如赋八川有潏。[1]《说文》:"潏,水名,在京兆杜陵。"[2]《三辅黄图》:"潏水在杜陵,从皇子陂西北流,迳昆明池入渭。"[3]张揖曰:潏水在南山。[4]《水经注》:"沇水上承黄子陂于樊川,其地即杜之樊乡也。潏水亦曰高都水。"[5]今水出县东南山,西流合大义谷水、小义谷水。《长安志》:"万年县,义谷水,自县界由乾祐县下流,入山一百里,至谷口,西北流二十里,合锡谷、羊谷水入坑河,西流十五里,入长安县界者也。"[6]潏水北流,又西迳皇子陂南,又西迳韦曲南,入长安县境也。《水经注》"丰、镐、潏三水各入渭",[7]今则合流也。潏水枝流东出于神原东南,又迳原北,又西北迳牛头寺南,又西迳郭村镇北,一水北流,迳长安故城东入渭。《水经注》"长安县,渭水又东与沇水枝津合者是也。"[8]《长安志》"漕水由县界沇河分水,约五里,西流",[9]即是水也,今俗称皂河。按《十道志》曰:"漕水即沇水也。"[10]《太平寰宇记》亦曰:"漕即沇水,东首万年县界流入,亦谓潏水。"[11]漕皂声之讹,是知即潏水矣。其一水出于郭林铺,西北流,屈东入府城,一入贡院,一注东城濠,一入莲花池,疑即《水经注》所云一水东入逍遥园,注藕池者也。[12]今名通济渠,潏水自合镐有交水之名,故宋敏求按《括地志》云:"潏水,又名石壁谷水。"[13]《太平寰宇记》:"万年县,福水,即交水也,上承樊川、御宿诸水,出县南石壁谷南三十里,与直谷水合,即子午谷水。"[14]今按水出石鳖谷而与子午谷水合者,乃是镐水,而魏王泰、乐史因其合潏称交河,亦通目之为潏水,实则潏水合镐,始名交河也。《水经注》有交河入丰,又有潏水入渭,又有潏水枝津入渭,今交河与枝津具在,而《水经注》所注,与昆明故池会,北迳凤阙东,北迳神明台东,又北流入渭之潏,[15]则湮塞而不可考矣。潏作沇,借字,作沇,俗字也。

[1]《史记》卷一百一十七《司马相如列传》载:荡荡兮八川分流,相背而异态。索隐:此下文"八川分流",则从泾、渭、灞、浐、丰、镐、潦、潏为八。

[2]《说文解字·水部》载:潏,涌出也。一曰水中坻人所为为潏,一曰潏,水名,在京兆杜陵。

[3]《三辅黄图》卷六《杂录》载:潏水在杜陵,从皇子陂西流,迳昆明池入渭。

[4]《史记》卷一百一十七《司马相如列传》集解:张揖云:又有潏水,出南山。

[5]《水经注·渭水》载:南有沇水注之,水上承皇子陂于樊川,其地即杜之樊乡也。……沇水又北流注渭,亦谓是水为潏水也。……亦曰高都水。

[6]《长安志》卷十一载:义谷水,自县界由乾祐县下流,入山一百里,至谷口,西北流二十里,合锡谷、羊谷水入坑河,西流一十五里,入长安县界。

[7]《水经注·渭水》载:丰水……北至石墥注于渭……渭水东北与鄗水合……沇水北流注渭,亦谓是水为潏水。

[8]《水经注·渭水》载:渭水又东与沇水枝津合。

[9]《长安志》卷十一载:漕水,由县界坑河分水,约五里,西流。

[10]《长安志》卷十一载:潏水,今名沇水,一作沈。……《十道志》曰:"漕水即沈水也,亦名潏水。"

[11]《太平寰宇记》卷二十五《关西道一》曰:漕水,即沈水也,东自万年县界流入,亦谓潏水,亦谓高都水。

[12]《水经注·渭水》载:渭水又东与沇水枝津合,水上承沇水,东北流迳邓艾祠南,又东分为二水,一水东入逍遥园,注藕池。

[13]《长安志》卷十二引《括地志》载:潏水又名石壁谷水,又名高都水。

[14]《太平寰宇记》卷二十五《关西道一》载:福水,即交水也。上承樊川、御宿诸水,出县南石壁谷南三十里,与直谷水合,即子午谷水。

[15]《水经注·渭水》载:沇水又北迳长安城,西与昆明池水合,……沇水又北迳凤阙东,……沇水又北,分为二水,一水东北流,一水北迳神明台东。……沇水又北流注渭,亦谓是水为潏水也。

《关中水道记》校释

霸　　水

霸水,出陕西西安府蓝田县东南蓝田谷。《地里志》:"南陵,霸水出蓝田谷,北入渭。"[1]古曰(俗本作师古曰):"滋水,秦穆公更名以章霸功。"[2]潘岳《闲居赋》有元霸。[3]桑钦《水经》:"渭水又东过霸陵县北,霸水从县西北流注之。注:水出蓝田县蓝田谷。"[4]《隋书·地里志》:"蓝田县有滋水。"[5]今谷在县东南五十里,亦名倒回谷,水出而西流,铜谷水西南注之,又西,轻谷水西南注之,《水经注》所谓西北有铜谷水。[6]次东有轻谷水,《长安志》:"又名倾谷水也。"[7]《长安志》:"南则泥水注之,亦曰刘谷水。"《长安志》以为即《水经注》之泥水也。[8]霸水又西,蓝水北注之。《水经注》:"霸水又北历蓝田川者也,水出蓝谷。"[9]《长安志》:"蓝田县,蓝谷在县东南二十里。"[10]蓝谷水南自秦岭西流,迳蓝关、蓝桥,过王顺山下,西北流入霸水者也。霸水又西,白马谷水西南注之。《长安志》:"蓝田县,白马谷水出蓝东白马谷,南流迳县南,又西北流入霸水。"[11]今水出石鼓山,又合诸涧西流入县界入霸。霸水又西,迳县境南,辋川水北注之。《长安志》:"蓝田,辋谷在县西南二十里。"[12]辋谷水北流入霸水。今水出谷北流,蓼子涧水北注之。《长安志》:"蓼子涧在县南三里,出南山,西北合辋谷水者也,合流又北入于霸。"[13]其水清冷神异,唐王维之所卜居矣。霸水又西北,白牛谷水西南注之。《长安志》:"蓝田县,白牛谷水出县西北白牛谷,西南流入霸水",[14]今俗称浐水也。霸水西北,又得注水,又右得沙河水,又右得仁河水,霸水又西北,入咸宁县界。浐水出县南山,迳白鹿原西北来会于霸,合流又北,水上有桥,谓之霸桥,左右泽柳交阴清沦,写景作赋之士于焉游集,信祖帐之佳途,郊墠之逸望矣。霸水故于此左纳漕渠,郦道元已言无水,[15]今迹并湮焉,又北入于渭。

· 82 ·

[1]《汉书》卷二十八上《地理志上》载:(南陵)霸水亦出蓝田谷,北入渭。

[2]《汉书》卷二十八上《地理志上》载:古曰兹水,秦穆公更名以章霸功,视子孙。

[3]潘岳《西征赋》载:南有玄灞素浐,汤井温谷。

[4]《水经注·渭水》载:(渭水)又东过霸陵县北,霸水从县西北流注之。……水出蓝田县蓝田谷,所谓多玉者也。

[5]《隋书》卷二十九《地理志上》载:(蓝田)有滋水。

[6]《水经注·渭水》载:西北有铜谷水,次东有辋谷水,二水合而西注,又西流入浐水。

[7]《长安志》卷十六载:倾谷水,自秦岭出,南流入霸水。

[8]《长安志》卷十六载:刘谷水,一名泥水。出县东南刘谷。《水经注》曰:水出蓝田山之东谷,俗谓之刘谷,西北与石门水合。

[9]《水经注·渭水》载:霸水又北历蓝田川,迳蓝田县东。

[10]《长安志》卷十六载:(蓝田县)蓝谷,在县东南二十里。

[11]《长安志》卷十六载:(蓝田县)白马谷水,出县东白马谷。南流迳县南,又西北流入霸水。

[12]《长安志》卷十六载:(蓝田县)辋谷,在县西南二十里。

[13]《长安志》卷十六载:(蓝田县)蓼子涧,在县南三里。出南山,西北流,合辋谷水入霸水。

[14]《长安志》卷十六载:(蓝田县)白牛谷水,出县西北白牛谷。西南流入霸水。

[15]《水经注·渭水》载:霸水……左纳漕渠,……东迳新丰县,右会故渠,……故渠……东南注于渭,今无水。

《关中水道记》校释

浐 水

浐水,出陕西西安府蓝田县西南库谷。司马相如赋八川有浐。[1]《魏书·地形志》:"山北有苦谷(山北县,今属咸宁),浐水出焉。"[2]《水经注》:"霸水又迳蓝田县东,又北,长水注之,出杜县白鹿原,其水西北流,谓之荆溪,又西北,左合狗架川水,水有二原,西川上承魄山之斫盘谷,次东,有苦、谷二水,合而东北流。"[3]《史记正义》曰:"浐水即荆溪犹枷之下流也,在雍州万年县也。"[4]今水三原,一水出县西南五十里魄山苦谷,苦字亦作库。《长安志》:"蓝田县,库谷在县西南五十里,谷有关也。"[5]魄山俗称秦岭,水出而北流,左合灞川水,水在西安府东南三十里,即《水经注》出斫盘谷之水也。[6]合流又北,迳咸宁县界风凉原西,东川水西来会焉。《水经注》:"狗架川迳凤凉原西,又合东川水,水出南山之石门谷,次东又孟谷,次东有大谷,次东有雀谷,次东有土门谷。五水出谷,西北历风凉原东,又北与西川水会,原为二水之会。"[7]今东川上流,一水出石门谷,谷在县西南四十里北流,一水出採谷,北来会焉,谷在石门谷东,疑即《水经注》所谓孟谷、大谷者也。[8]合流又北,一水自白鹿原西来会焉,水即《水经注》之所谓荆溪者也。[9]《咸宁县境界簿》云:"荆谷水一名荆溪,本名长水,自蓝田至康村,入县界下流,合採谷石门诸水也。"其水合流,谓之东川,历风凉原东,西北流,合浐水。浐水又北,入咸宁县界,隋龙首渠之所出也,又北入于霸。按,郦道元《水经注》:"以此为长水,非浐水也。"[10]浐水即今辋川水,故桑钦言浐水出京兆蓝田谷。[11]许慎《说文》同,[12]《地里志》言南陵浐水出蓝田谷。[13]考蓝田山在县东南,蓝田谷当在其麓,而长水所出则在魄山之阴,又《水经注》言霸水历蓝田县东,又左合浐水,历白鹿原东,[14]今县西二里即白鹿原,原东则辋川与霸水合而经此,是辋川之为浐水无疑也。浐水有辋川之名者,《水经注》:"浐水西北流与

· 84 ·

一水合,水出南山莽谷,东北流注浐水。"[15]莽、辋声相近,当是浐水合莽谷水,后人遂以为辋川矣,以长水为浐水,误自魏收《地形志》,而郦道元辨其非。考《史记·封禅书》:霸、浐、长水自是三水,又《百官表》有长水校尉,沈约《宋书》云营近长水,因以为名。[16]长水之与浐为二,明矣。今相承既久,重征旧说,虽古书灼然,征其谬误,仍用魏收之目,以为浐水焉。

[1]《史记》卷一百一十七《司马相如列传》载:荡荡兮八川分流,相背而异态。索隐:此下文"八川分流",则从泾、渭、灞、浐、丰、镐、潦、潏为八。

[2]《魏书》卷一百六下《地形志下》载:山北,有风凉原。有苦谷,浐水出焉。

[3]《水经注·渭水》载:霸水又北历蓝田川,迳蓝田县东。……霸水又左合浐水,历白鹿原,……霸水又北,长水注之,水出杜县白鹿原,其水西北流,谓之荆溪。又西北,左合狗枷川水,水有二源,西川上承魏山之斫盘谷,次东有苦谷,二水合而东北流,迳风凉原西。

[4]《史记》卷二十八《封禅书》正义:《括地志》云:"灞水,古滋水也,亦名蓝谷水,即秦岭水之下流,在雍州蓝田县。浐水即荆溪狗枷之下流也,在雍州万年县。"

[5]《长安志》卷十六载:(蓝田县)库谷,在县西南五十里,谷有关。

[6]《水经注·渭水》载:(霸水)又西北,左合狗枷川水,水有二源,西川上承魏山之斫盘谷,次东有苦谷,二水合而东北流,迳风凉原西。

[7]《水经注·渭水》载:(狗枷川水)东北流迳风凉原西,……其水右合东川,水出南山之石门谷,次东有孟谷,次东有大谷,次东有雀谷,次东有土门谷。五水北出谷,西北历风凉原东,又北与西川会。原为二水之会,乱流北迳宣帝许后陵东,北去杜陵十里,斯川于是有狗枷之名。

[8]据《水经注·渭水》,石门谷之东,有孟谷、大谷、雀谷、土门谷等。

[9]《水经注·渭水》载:霸水又北,长水注之,水出杜县白鹿原,其水西北流,谓之荆溪。

[10]《水经注·渭水》载:水发自原下,入荆溪水,乱流注于霸,俗谓之浐

水,非也。……《史记》曰:霸、浐,长水也。

[11]《水经注·浐水》载:浐水出京兆蓝田谷,北入于霸。

[12]《说文解字·水部》载:浐水,出京兆蓝田谷,入霸。

[13]《汉书》卷二十八上《地理志上》载:南陵,文帝七年置。沂水出蓝田谷,北至霸陵入霸水。

[14]《水经注·渭水》载:霸水又左合浐水,历白鹿原东。

[15]《水经注·浐水》载:(浐水)西北流与一水合,水出西南莽谷,东北流注浐水。

[16]《史记》卷二十八《封禅书》载:霸、浐、长水、丰、涝、泾、渭皆非大川,以近咸阳,尽得比山川祠,而无诸加。索隐:案,《百官表》有长水校尉。沈约《宋书》云:营近长水,因以为名。

沮 水

沮水出陕西鄜州中部县西北。《夏书》:"漆沮既从。"[1]《诗》:"自土沮漆。"[2]子午岭,《地形志》:"万年有漆沮水。"[3]《水经注》:"水与泽泉合,俗谓之漆水,又谓之为漆沮水。"[4]又曰:"泽泉迳怀德城北,合沮水,故浊水得漆沮之名。"[5]张守节按《括地志》曰:"沮水,一名石川水,原出雍州富平县,东入栎阳县南。"[6]《史记索隐》曰:"沮水,《地里志》无文。"[7]今子午岭在县西北二百里,水出岭南,东南流,迳宜君县西,谓之宜君水。《地形志》:"宜君,有宜君水。"[8]《水经注》:"迳宜君川,世又谓宜君水者也。"[9]姚渠川西注之,水出核桃沟,南流至乱石滩,入宜君水。宜君水又南入耀州界,屈西受郑川水,又南迳唐家堡,受大谷河水,又南过把楼山,受纸房河水,又南受桃谷河水,又南受石觜河水,又南受府西河水。宜君水又南,入同官县界,受吕村河水,又西南受沙罗水,又复入川境,又南受胡思泉水,又迳耀州城西,循土门山,受梁家泉水,东则同官水西南来会焉,自下有沮水之名。《水经注》:"宜君水,迳祋祤县故城西,其水南合铜官水。"[10] 宜君水又南出土门山西,又谓之沮水,今考祋祤故城在耀州东一里,土门山在富平县东北七十里也。铜官水出同官县东北,俗名哭泉,南流左合漆水,俗称漆水,志家云以地多桼木名,水在北高山,西注同官水。《长安志》:"同官县,同官川水在县北五十里,自坊州宜君县界来,经县南流入华原县界是也。"[11] 同官水又西南,左受雄同川水。《长安志》:"同官县,雄同川在县东四十里,西南与同官川水合流者也。"[12] 同官水又西南,雷平川东南注之。《长安志》:"同官县,雷平川水在县西北五十里入同官川水。"[13] 今水出县北西高山,南流迳县西,入同官水。同官水又西,屈南迳耀州西,乐史[14]、宋敏求[15] 自此称是为漆水也。水在州东门外,又西南至州南入于沮水。《水经注》:"铜官水西南流迳祋祤县东,西南流迳其城南原下,而西南注宜君水。"[16]《长安志》:"华原县,漆水,自县东北同官县界来,迳县十五里,南流入富平县界,合沮水,俗名石川水者也。"[17] 沮水又南入西安府富平县界,阔谷河水东注之。《长安志》:"华原县,涧谷河水来自县西北孝义乡焦砦村,南流七十里,入三原县界。"[18] 今水出耀州西北焦砦村,东南过牛村,名申家河,又东南名鱼池河,又东南迳三原北,又至富平县西,入于沮,俗又有金定河、赵氏河之名也。沮水又东,迳县境南,历荆山之阴,至断原口,入临潼县界,泽泉水东来注之。《水经注》:"泽泉水出沮东泽中,与沮水隔原,相去十五里,俗谓是水为渠水也,东迳薄昭墓南,又迳怀德城北,东南注郑渠,合沮水。"[19]《长安志》:"富平县,泽多泉在县西一十三里永润乡温泉村,东入薄台川三十里,东南入漆沮河。"[20] 今泽多泉出富平县西北,亦名温泉,又合涧头泉,谓之薄台川,又迳富平县北,又东南迳富平县东,至临潼界入沮水。案,《水经注》言泽泉,又自沮直绝注浊水,[21] 今无水也。又称应劭曰:县在频水之阳,今县之左右,无水以应之也,所可当者,惟郑渠耳。[22] 按古文"滨"字作"频",应劭所云,或谓滨水之阳与,今则指大小石谷涧以为频水也,沮水自下有石川河之名。《水经注》:"栎阳县沮水又南屈,更名石川水。"[23]《太平寰宇记》:"富平县,漆沮水其下亦名石川水者也。"[24] 沮水又南,清水东南注之,水出耀州西北石门山。《水经

《关中水道记》校释

注》谓之黄崟水,西北出云阳县石门山黄崟谷,东南流注宜君水者也。[25]云阳今淳化境,在州之西,其水今不于此入宜君水。《长安志》:"华原县,沮水自县西北邠州界来,经县九十五里,南流合漆水,入富平县界石川河。"[26]今水又至临潼入石川河,盖古今异形,流改状也。清水南流,环河西南注之,水出大唐山也,清水又南,入西安府泾阳县北,冶谷水自邠州淳化县来注之,又东南,迳三原县。《长安志》:"三原县,清水谷河自县西北华原县界来,经县西南入白渠,溉民田。"[27]今原界水南则郑白渠故道也,又东南,至临潼界入于石川河。石川河又南入于渭也。《地里志》:"沮水出北地直路县西,东入洛",[28]盖谓中部入洛之水。今俗名东洛水者也,其水于汉时不经它郡,故《地里志》不言过郡,桑钦《水经》:"濬(从《史记索隐》引作'沮')水出北地直路县,东过冯翊祋祤县北,东入于洛。"[29]祋祤今宜君县,北即今中部县,然则《水经》所言亦谓在中部入洛之沮,故郦道元所注沮水有三,二入洛,一入渭。《史记索隐》亦曰沮水,《地里志》无文,盖谓无此沮耳。胡渭《禹贡锥指》反以中部入洛之沮为枝流,谬矣。[30]考《夏书》有二漆沮,其又东过漆沮之水,则是洛水在华阴入渭,其漆沮既从之水,是此沮水,与《诗》自土漆沮水同,其漆水则在麟游至岐山入,应此沮古未有以为漆水者。《水经注》云:"浊水与泽泉合,俗谓之漆水,又谓之为漆沮水。"又曰:"泽泉迳怀德城北,合沮水,故浊水得漆沮之名。"[31]《地形志》云:"频阳有漆沮水。"[32]盖漆沮之名起于此,然郦道元尚以为俗称,不云是《夏书》之漆也,至宋敏求乃引书及诗以证此为是漆水,并谓即东过漆沮之漆沮,其亦异于孔安国、阚骃、晋灼、许慎诸儒所云矣,胡渭《禹贡锥指》多承其谬,今不暇驳焉。

[1]《尚书·禹贡》载:漆沮既从,丰水攸同。

[2]《诗经·大雅·绵》载:民之初生,自土沮漆。

[3]《魏书》卷一百六下《地形志下》载:万年,有漆沮水。

[4]《水经注·沮水》载:(浊水)至白渠与泽泉合,俗谓之漆水,又谓之为漆沮水。

[5]《水经注·沮水》载:(泽泉)又迳怀德城北,东南注郑渠,合沮水。又自沮直绝注浊水,至白渠合焉,故浊水得漆沮之名也。

[6]《史记》卷二《夏本纪》正义:《括地志》云:"漆水源出岐州普润县东南岐山漆溪,东入渭。沮水一名石川水,源出雍州富平县,东入栎阳县南。汉高帝于栎阳置万年县。"《十三州志》云:"万年县南有泾、渭,北有小河,即沮水也。"《诗》云古公去邠度漆、沮,即此二水。

[7]《史记》卷二《夏本纪》索隐:漆、沮二水,漆水出右扶风漆县西,沮水《地理志》无文。

[8]《魏书》卷一百六下《地形志下》载:宜君,有宜君水。

[9]《水经注·沮水》载:(沮水)屈而夹山西流,又西南迳宜君川,世又谓之宜君水。

[10]《水经注·沮水》载:(宜君水)又东南流迳祋祤县故城西,县以汉景帝二年置,其水南合铜官水。

[11]《长安志》卷二十载:同官川水,在县北五十里。自坊州宜君县界来,经县,南流入华原县界。

[12]《长安志》卷二十载:雄同川,在县东四十里,西南与同官川水合流,入华原县界。

[13]《长安志》卷二十载:雷平川水,在县西北五十里,入同官川水。

[14]《太平寰宇记》卷三十一《关西道六》载:漆水,自东北同官界来经邑界。

[15]《长安志》卷十九载:漆水,自县东北同官县界来,经县一十五里,南流入富平县界。

[16]《水经注·沮水》载:(铜官水)西南流迳祋祤县东,西南流迳其城南原下,而西南注宜君水。

[17]《长安志》卷十九载:漆水,自县东北同官县界来,经县一十五里,南流入富平县界,合沮水,俗名石川水。

[18]《长安志》卷十九载:涧谷河水,来自县西北孝义乡焦岩村,南流七十里,入三原县界。

《关中水道记》校释

[19]《水经注·沮水》载:(泽泉)水出沮东泽中,与沮水隔原,相去十五里,俗谓是水为渠水也。东迳薄昭墓南,冢在北原上。又迳怀德城北,东南注郑渠,合沮水。

[20]《长安志》卷十九载:泽多泉,在县西一十三里永闰乡温泉村。东入薄台川,三十里,东南入漆沮河,溉民田。

[21]《水经注·沮水》载:(泽泉)又自沮直绝注浊水,至白渠合焉,故浊水得漆沮之名也。

[22]《水经注·沮水》载:应劭曰:"县在频水之阳。今县之左右,无水以应之,所可当者,惟郑渠与沮水。"

[23]《水经注·沮水》载:(沮水)其水又南屈,更名石川水。

[24]《太平寰宇记》卷三十一《关西道六》载:(富平县)漆沮水,其下亦名石川水,西北自宜州华原县界流入。

[25]《水经注·沮水》载:又得黄嶔水口,水西北出云阳县石门山黄嶔谷,东南流注宜君水。

[26]《长安志》卷十九载:沮水,沮水自县西北邠州界来,经县九十五里,南流合漆水,入富平县界石川河。

[27]《长安志》卷二十载:清水谷河,自县西北华原县界来,经县西南入白渠,东溉民田。

[28]《汉书》卷二十八下《地理志下》载:直路,沮水出西,东入洛。

[29]《水经注·沮水》载:沮水出北地直路县,东过冯翊祋栩县北,东入于洛。

[30]《禹贡锥指》卷十载:其一水东出即沮水也,东与泽泉合,水出沮东泽中,与沮水隔原相去十五里,东流迳怀德城北,东南注郑渠合沮水。沮循郑渠,东迳当道城南,又东迳莲勺县故城北,又东迳汉光武故城北,又东迳粟邑县故城北,又东北注于洛水。

[31]《水经注·沮水》载:(浊水)至白渠与泽泉合,俗谓之漆水,又谓之为漆沮水。《水经注·沮水》载:(泽泉)又迳怀德城北,东南注郑渠,合沮水。又自沮直绝注浊水,至白渠合焉,故浊水得漆沮之名也。

[32]频阳无漆沮水。《魏书》卷一百六下《地形志下》载:万年,有漆沮水。

冶谷水

冶谷水,出陕西邠州淳化县北山。《水经》:"郑渠又东迳中山南,又东迳拾车宫南绝冶谷水。"[1]《长安志》:"云阳县,冶谷河水,自县西北淳化县界来,经县嵯峨、武康、青龙等乡,溉民田。"[2]今水出县北一山俗称蝎子掌山,山在县北四十里,南流,甘泉出石鼓西原南注之。《西都赋》:"陪以甘泉。"[3]《隋书·地里志》:"云阳县有甘水者也,冶谷水与甘水合于钩弋陵南,又南,走马泉南注之。"《隋书·地里志》:"云阳县有走马水。"[4]今水出县东北凤凰山,西南流入冶谷河,俗谓之马跑泉水,世传唐太宗猎于斯原,马奔泉出,是有其名,乃类齐东之说耳。冶谷水又迳县境东,一水出县西,东南流迳县南,又东入焉,俗称此水为胡卢河。按,《地形志》:"云阳县有蒲池水。"[5]蒲胡声相近,疑即此也。冶谷水又东合米仓沟水,水亦名一泉,在县东北三十里,南流入冶谷水。冶谷水又南出谷口,范雎说秦王所谓北有甘泉、谷口之固者也,乐史说其山出铁,冶铸之所因以为名,[6]入谷浧洪潦沸腾,飞泉激射,两峰皆峭壁孤竖,横盘坑谷,憮然凝洹,常如八九月中,所谓寒门者也,今谷南接泾阳,水出而东南有冶谷镇,水经其南,又东至三原界,入于清谷水。《水经注》说此水合于郑渠,而今入于清谷水,盖古今异流也。[7]

[1]《水经注·沮水》载:(郑渠)又东迳中山南。……郑渠又东迳拾车宫南绝冶谷水。

[2]《长安志》卷二十载:(云阳县)冶谷河水,自县西北淳化县界来,经县嵯峨、武康、青龙等乡,溉民田。

[3]《后汉书》卷四十上《班彪列传》载:其阴则冠以九嵕,陪以甘泉,乃有灵宫起乎其中。

[4]《隋书》卷二十九《地理志上》载:云阳,有泾水、五龙水、甘水、走马水。

[5]《魏书》卷一百六下《地形志下》载:云阳,有蒲池水、云阳宫。

[6]《太平寰宇记》卷三十一《关西道六》载:冶谷,《云阳宫记》载:"冶谷,去云阳宫八十里。《封禅书》所谓谷口是也。其山出铁,冶铸之所,因以为名。"

[7]《水经注·沮水》载:浊水上承云阳县东大黑泉,东南流,谓之浊谷水,又东南出原,注郑渠。

浊谷水

浊谷水,出陕西西安府耀州西北甲池堡南马鞍口。《水经注》:"浊水上承云阳县东大黑泉,东南流,谓之浊谷水。"[1]《长安志》:"华原县,浊谷河水,自县西北孝义乡大海村来。"[2]今水东有孝义村也,水出而南流,入西安府三原县界。《水经注》:"浊谷水注郑渠,又东历原,迳曲梁城北,又东迳太上陵南原下。"[3]《长安志》:"三原县,浊谷河自县西北华原县界来,经县西一十五里谷口,有大堰,其水东流,溉民田。"[4]即此水也。今水经孟侯原东,又东南迳楼底镇,俗名楼底水,其流遂微。《三原县境界簿》云:"浊谷水南至张村,数渠溉田,至唐村无复河道。"按《水经》已云,自浊水以上,今无水也。[5]

[1]《水经注·沮水》载:浊水上承云阳县东大黑泉,东南流,谓之浊谷水。

[2]《长安志》卷十九载:浊谷河水,自县西北孝义乡大海村来,经县四十五里,南流入三原县界。

[3]《水经注·沮水》载:(浊谷水)注郑渠。又东历原,迳曲梁城北,又东迳太上陵南原下。

[4]《长安志》卷二十载:浊谷河,自县西北华原县界来,经县西一十五里谷口,有大堰,其水东流,溉民田。

[5]《水经注·沮水》载:自浊水以上,今无水。

禺　水

禺水，出陕西同州府华州西南秦岭。《山海经》："少华山西一百四十里曰石脆之山，灌水出焉，而北流注于禺水，又西七十里曰英山，禺水出焉，北流注于招水。"[1]《水经注》："郑县小赤水即《山海经》之灌水也，水出石脆山，于孤柏原西，东北流与禺水合，水出英山，北流与招水相得，乱流西北注于灌水，灌水北注于渭。"[2] 今有水出孤柏原西秦岭，即《山海经》之禺水也，北流，旧右与渔村川水合，志家以为招水也，水出县西南金堆谷，北流注于禺水。禺水又东合赤谷河水，水出县西南赤谷，即《山海经》之灌水也，灌水自下与招水互受通称。唐《地里志》："郑县西南三十里利俗渠引乔谷水，乔招声相近，即谓此。"[3]《太平寰宇记》："郑县，灌水，一名小赤水是也。"[4]《山海经》招水不云入渭，而《水经注》详之矣，今渔村川水改流入遇仙桥河，不入小赤水，故志家说此水多舛，又以遇仙桥河为乔谷水，盖误矣。

[1]《山海经·西山经》载：又西六十里，曰石脆之山，……灌水出焉，而北流注于禺水。……又西七十里，曰英山，……禺水出焉，北流注于招水。

[2]《水经注·渭水》载：小赤水即《山海经》之灌水也，水出石脆之山，北迳萧加谷于孤柏原西，东北流与禺水合。水出英山，北流与招水相得，乱流西北注于灌，灌水又北注于渭。

[3]《太平寰宇记》卷二十九《关西道四》载：灌水，一名小赤水，今名高谷水。

[4]《太平寰宇记》卷二十九《关西道四》载：（郑县）灌水，一名小赤水，今名高谷水。

关中水道记

西汉水

　　西汉水,出甘肃秦州西县嶓冢山,曰漾水。《夏书》:"嶓冢导漾。"[1]《地里志》:"陇西氐道,《禹贡》漾水出。"[2]又西,《禹贡》嶓冢山,西汉所出。[3]孔安国云:"泉始出山为漾。"[4]《水经注》:"西县嶓冢山,西汉水所导也。"[5]《华阳国志》云:"东源出武都氐道县漾山为漾水,西源出陇西西嶓冢山,会白水,迳葭萌入汉。始源曰沔。"[6]《史记正义》引《括地志》云:"嶓冢山水始出山沮洳,故曰沮水,东南为漘水,又为沔水。"[7]其实常璩、魏王泰说皆非也,漘是西汉之上原,在西县,沮是东县汉之上原,在沮县。漾水至宁羌,会燕子河流,合于沮,是为沔水。然《水经注》引阚骃云:"汉或为漾。"[8]汉水出昆仑西北隅,至氐道重源显发而为漾水。则又以为昆仑之洋水矣,其说本高诱之注《淮南》也。[9]东南流迳西河县西。又南屈东迳成县西,又东南入陕西汉中府略阳县,曰嘉陵水,又东南曰汉曲,浊水合故道水北来会焉。《地理志》:"武都郡有嘉陵故道水。"[10]盖以此名也。《水经注》云:"汉水又东入嘉陵道而为嘉陵水,世俗名之为阶陵水,非也。"[11]东南迳循城道,南与修水合。又东南于盘头郡南与浊水合。《元和郡县志》:"长举县,嘉陵水去县南十里。顺政县,嘉陵水迳县南,去县百步合。"[12]略阳县北有盘头故郡也。[13]嘉陵江又南与一水合。《水经注》:"汉水汉历汉曲,迳挟崖与挟崖水合,水西出檐潭,又东流入汉水。"[14]今俗名横现河,在县西十五里东南入汉,疑即挟崖水也,又南迳县境西,北谷水南流,迳县境南,屈西入焉,水俗名八渡河,又名黄坂水也。《水经注》:"汉水又东迳武兴城南,又东与北谷水合。"[15]《太平寰宇记》:"顺政县,黄坂水在县东一里。"[16]皆即此水也。嘉陵江又南,自寒蓬山来,东南注之,又南,落素河东南注之,其水在县东八十里也。嘉陵江又西南入宁羌界,水在州西北百里。《水经注》:"汉水西南迳关城北。"[17]关即今阳平关,在州西北也。《元

《关中水道记》校释

和郡县志》:"金牛县,嘉陵江迳县西,去县三十里。"[18]《太平寰宇记》云:"泉县,嘉陵江在县西半里。"[19]即于此也。右则安乐河东南来注之。《水经》:"除水出西北除溪,东南流入于汉。"[20]当即此水也。右则老兵河自老君铺来入焉,又西南,迳龙门山,曰通谷,潜水上承东汉水来合焉,俗名燕子河也,其详见东汉水。《水经注》:"汉水又东迳通谷,水出东北通溪,上承漾水,西南流为西汉水。"[21]即《禹贡》之潜水也,郦道元以东汉为漾水,是犹执常璩漾山漾水之说矣。今俗以为燕子河,在州北百二十里也。西则广平河,东南入焉。《水经注》:"汉水又西迳石亭戍南,广平水西出百顷川,东南流注汉者也。"[22]嘉陵江又西南,青木川自四川龙安平武县界来南流入焉,水在州西三百里也。嘉陵江又西南,入四川广元县界。《水经》所谓东南至广汉白水县西,入东南至葭萌县东北,又东南过巴郡阆中县,又东南入江州县东,东南入于江者也。[23]

[1]《尚书·禹贡》载:嶓冢导漾,东流为汉。

[2]《汉书》卷二十八下《地理志下》载:氐道,《禹贡》养水所出,至武都为汉。

[3]《汉书》卷二十八下《地理志下》载:西,《禹贡》嶓冢山,西汉所出,南入广汉白水,东南至江州入江。

[4]《水经注·漾水》载:孔安国曰:泉始出为漾,其犹蒙耳。

[5]《水经注·漾水》载:今西县嶓冢山,西汉水所导也。

[6]《水经注·漾水》载:常璩《华阳国志》云:"汉水有二源,东源出武都氐道县漾山,为漾水,《禹贡》导漾东流为汉是也。西源出陇西西县嶓冢山,会白水,迳葭萌入汉。始源曰沔。"

[7]《史记》卷二《夏本纪》正义引《括地志》:嶓冢山水始出山沮洳,故曰沮水。东南为漾水,又为沔水。……汉江一名沔江也。

[8]《水经注·漾水》引阚骃云:汉或为漾,漾水出昆仑西北隅,至氐道重源显发而为漾水。

[9]《淮南子·墬形训》载:洋水出其(昆仑)西北陬,入于南海羽民之

南。高诱注：洋水经陇西氐道东，至武都为汉阳，或作养水也。

[10]《汉书》卷二十八下《地理志下》：武都郡……故道，莽曰善治。……嘉陵道，循成道，下辨道。

[11]"东"，当为"南"。《水经注·漾水》载：汉水又南入嘉陵道而为嘉陵水，世俗名之为阶陵水，非也。

[12]《元和郡县图志》卷二十二《山南道三》载：嘉陵水，去县（长举县）南十里。……嘉陵水，迳县（顺政县）南，去县百步。

[13]《元和郡县图志》卷二十二《山南道三》载：盘头故城，在县（长举县）南三里。

[14]《水经注·漾水》载：汉水又东南历汉曲，迳挟崖，与挟崖水合，水西出憺潭交，东流入汉水。

[15]《水经注·漾水》载：汉水又东迳武兴城南，又东南与北谷水合。

[16]《太平寰宇记》卷一百三十五《山南西道三》载：黄坂水，在县（顺政县）东一里。

[17]《水经注·漾水》载：汉水又西南迳关城北。

[18]《元和郡县图志》卷二十二《山南道三》载：嘉陵江，经县（金牛县）西，去县三十里。

[19]《太平寰宇记》卷一百三十三《山南西道一》载：嘉陵江，在县（三泉县）西半里。

[20]《水经注·漾水》载：除水出西北除溪，东南流入于汉。

[21]"东"，当为"西南"。《水经注·漾水》载：汉水又西南迳通谷，通谷水出东北通溪，上承漾水，西南流为西汉水。

[22]《水经注·漾水》载：汉水又西迳石亭戍，广平水西出百顷川，东南流注汉。

[23]《水经注·漾水》载：（漾水）又东南至广魏白水县西，又东南至葭萌县，东北与羌水合。……又东南过巴郡阆中县，……又东南过江州县东，东南入于江。

《关中水道记》校释

故道水

　　故道水,出陕西凤翔府宝鸡县大散岭。《水经注》:"两当水出陈仓县之大散岭,西南流入故道川,谓之故道水,西南迳故道城东。"[1]《元和郡县志》:"梁泉县,故道水出陈仓县之大散岭,西南流入故道川。今州理,即故道川也。"[2]西南流入凤县界,县即汉故道县也。故道水又东南,迳草凉驿北,又东南,黄花川水南注之。《太平寰宇记》:"梁泉县,黄花川水。"《水经注》云:"大散水流入黄花川。"(今本《水经注》无此文)[3]今水在县东北十里,以唐黄花县名也,[4]武德元年置,宝历元年并梁泉也。故道水又东南,马鞍山水北注之。《水经注》:"马鞍山水东出马鞍山,历谷西流,至故道城东,西入故道水。"[5]今俗名安河,一名斜谷河,在县东二里,出夫子岭也。又西迳县境北,水在县北一里,又西南,川北水自甘肃秦州来南注之。《水经注》:"北川水出北洛川山南,南流迳唐仓城下,南至困冢川,入故道水。"[6]今水在县西七十里,俗名红崖河也,南流。小谷河自宝鸡县界西来入之,水在县西三十里。红崖水又西南入于故道水,又西南入甘肃两当县界,曰两当水。《水经注》:"故道水南入东益州之广业郡界,与沮水枝津合,谓之两当溪水也。"[7]又西南,入迳甘肃徽县南,又西南,入陕西略阳县北,会于浊水。水在县北百二十里也。

　　[1]《水经注·漾水》载:水(两当水)出陈仓县之大散岭,西南流入故道川,谓之故道水,西南迳故道城东。

　　[2]《元和郡县图志》卷二十二《山南道三》载:故道水,出陈仓县之大散岭,西南流入故道川。今州理,即故道川也。

　　[3]《太平寰宇记》卷一百三十四《山南西道二》载:(梁泉县)黄花川。

· 100 ·

《水经注》云:"大散水流入黄花川。"

[4]《太平御览》卷一百六十七《州郡部》载:《水经》曰:大散水流入黄花川。黄花县因水得名。

[5]《水经注·漾水》载:水(马鞍山水)东出马鞍山,历谷西流,至故道城东,西入故道水。

[6]《水经注·漾水》载:水(北川水)出北洛橄山南,南流迳唐仓城下,南至囚冢川,入故道水。

[7]《水经注·漾水》载:故道水南入东益州之广业郡界,与沮水枝津合,谓之两当溪水。

浊　　水

浊水,出甘肃阶州成县南,东南流迳秦州徽县界,又东南入陕西汉中府略阳县界,与故道水会,亦曰白水。《水经注》:"浊水出浊城北,又东迳武街城南,又迳白石县南,浊水即白水之异城也,浊水又东南,两当水北注之。"[1]今俗名白水江,在略阳县北百二十里也,西南流迳县西北入于西汉水,浊水合故道水西南流。青泥河南注之,水在县西北百五十里,自甘肃成县至石门入于浊水也。按《水经注》云:"浊水南迳盘头郡东,而南合凤溪水,水出凤皇台下东南流,左注浊水。"[2]《隋书·地里志》:"长举有凤溪水。"[3]《太平寰宇记》:"废鸣水县左溪水,在县西南七里,自成州栗亭县来,北合嘉陵江。"[4]俱即此水也,俗名青泥河。浊水又东南入于嘉陵江。

[1]《水经注·漾水》载:水(浊水)出浊城北,……浊水又东迳武街城南,……浊水又东迳白石县南,……浊水即白水之异名也。

[2]《水经注·漾水》载:浊水南迳槃头郡东,而南合凤溪水,水上承浊水

《关中水道记》校释

于广业郡,南迳凤溪,中有二石双高,其形若阙,汉世有凤凰止焉,故谓之凤凰台。北去郡三里,水出台下,东南流,左注浊水。

[3]《隋书》卷二十九《地理志上》:长举,有凤溪水。

[4]《太平寰宇记》卷一百三十五《山南西道三》载:左溪水,在县(长举县)西南七里,自成州栗亭县北来合嘉陵江。

北谷水

北谷水,出陕西汉中府略阳县西北,西南流,屈西迳县境,入于西汉水。《水经注》:"北谷水出武兴东北,而西南迳武兴城北,谓之北谷水。"[1]《太平寰宇记》谓之黄坂水,云顺政县黄坂水,在县东一里。[2]今俗名八渡水也,水原发三川,方志又谓之一百八渡水,[3]西南流,西与一水合,又南,夹渠水西流入之,水即东溪水也。《水经注》:"北谷水南转迳其城东(武兴城),而南与一水合,水出东溪,西流注北谷水。"[4]今俗名此水为夹渠水也,水出飞仙岭西流,北合一水,又西入于北谷水,北谷水又屈西,入于西汉水。

[1]《水经注·漾水》载:水(北谷水)出武兴东北,而西南迳武兴城北,谓之北谷水。

[2]《太平寰宇记》卷一百三十五《山南西道三》载:黄坂水,在县(顺政县)东一里。

[3]雍正《陕西通志》卷十一载:一百八渡水,源发三川,众水合流,经一百八渡,绕城东南,会夹渠水,入嘉陵江。

[4]《水经注·漾水》载:(北谷水)南转迳其城东,而南与一水合,水出东溪,西流注北谷水。

东汉水

东汉水，出陕西汉中府宁羌州。《夏书》："东流为汉。"[1]《地里志》："武都县东汉水受氐道水，一名沔。"[2]张守节按《括地志》，原出梁州金牛县东二十八里嶓冢山。[3]今有水出州北金牛峡，《地形志》目为嶓冢山，[4]常璩目为漾山漾水者也。[5]南流，右合一水，其水自五丁关西迳龙门山北，西通西汉水。按刘澄之言："有水从沔阳县南至梓橦、汉寿入大穴，暗通冈山。"水成大泽而流与汉合。庚仲雍言："汉水自武遂川南入葛蔓谷，越野牛迳至关城，合西汉水。"[6]《水经注》言："通谷水出东北通溪，上承漾水，西南流为西汉水。"[7]《括地志》《元和郡县志》言："绵谷县潜水出县东北龙门山。"[8]皆即此水也，郦道元谓之通谷水，魏王泰、李吉甫谓之潜水，今俗称燕子河也。考《太平寰宇记》云："龙门山东山之北有燕子谷。"[9]是水之所以名欤，今之嶓冢山，古之金牛峡，今之金牛峡，古之葛蔓谷也。常璩误以导漾为在此，魏收又误移陇西嶓冢于此，近人皆承其误矣。东汉水屈东，大安河水南注之。水自略阳县界来，南入汉。汉水又东，三泉河水南注之。水出沔县，南流二十里乃汉水也。汉水又东，入沔县界。玉带河水自宁羌州东北流，左合回水河，又东北，左合白崖河，又入沔县界，北入汉水也。汉水又东，蔡河南注之。水在县东五十里。汉水又东合沮水，汉水于是有沔水之称。汉水又东，桑园沟水北注之。水在县西南十五里也。汉水又东，漾水南注之。《水经注》："沔水又东迳白成南，漾水入焉。水北发武都氐中，南迳张鲁城东，南流入沔，谓之漾口。"[10]《太平寰宇记》："西县，漾水，原出县北四十五里独石谷，南流经县西二百步，南注汉水。"[11]今水出龙门沟，在县西北一里，亦名白马河。按，《张衡家传》称衡于漾口升仙时，乘白马，是有其名也。[12]南则清泉，水出贞笔山，北流注于汉水。汉水又东，迳县境南，又东迳定军山，又东得渡

·103·

《关中水道记》校释

水口。《水经注》:"渡水出阳平北山,水有二原,一曰清检,二曰浊检,度水南迳阳平县故城东,又南迳沔阳县故城东,西南流注于汉水。"[13]常璩《汉中志》:"沔县有二度水,清水出急于求鳡,浊出鲋也。"[14]今水出县北北山,俗曰百丈坡,东南流迳县东入汉,俗称旧州河也。汉水又东,会温泉水口,今俗名金泉水,在县东南四十里凤凰山南也。汉水又东,容裹溪北注之。《水经注》:"沔水又东迳西乐城北,城侧有谷,谓之容裹谷。城东,容裹溪注之,俗谓之洛水也,水南遵巴岭山,东北流,又北迳西乐城东,而北流注于汉。"[15]今水出自褒城界,俗称养家河也,北流,迳县南。镇阜川、黄霸河自老头池东流入之,容裹水又东北入于汉。汉水又东,黄沙水南注之。《水经注》:"黄沙水北出远山,水侧有黄沙屯。其水南注汉水。"[16]今水出云雾山,山在褒城县西北七十里,南流至褒城县界,入汉水也。汉水又东入褒城县界。华阳河水南注之,水出县西二十五里也。汉水又东迳县境南,又东入南郑县界。褒水自凤县来南注之。汉水又东,廉水北注之。《地形志》云:"华阳县,有廉水。"[17]《水经注》:"南郑县,有廉水,出巴岭山,北流迳廉川,故水得其名矣。廉水又北注汉水。"[18]《元和郡县志》:"南郑县,巴岭山,在县南一百九里山南,即古巴国。"[19]今水出于巴山密谷,别流为让水,东北流,注双乳山,合马鞍泉,又东北,双泉水两原并出于中梁山,合流又分,东注廉水。廉水又东至南郑县南,迳龙冈上,北入汉水。汉水又东,迳县境南,池水北注之。常璩《华阳国志》:"南郑县,有池水从旱出来入沔。"[20]《水经注》:"南郑县,汉水右合池水,水出旱山,俗谓之獠子水,夹溉诸田,散流左注汉水。"[21]今有水出县南百九十里王女山,俗称老子河,老獠声之讹也,北流。冷水河,原出汉山,又红花水亦出汉山,合流东注之,汉旱声之讹,山即旱山。郦道元说池水即獠子水,出旱山。今按冷水河则池水,东与獠子河合者也。汉水又东入城固县界,迳李固墓南,《水经注》之长柳渡也,[22]今柳林鋪存焉。汉水又东,盘余水北注之。《水经注》:"汉水出于二城之间,右会盘余水,水南出南山巴岭上,泉流两分,飞清派注,南入浊水,北注汉津,谓之盘余口。"[23]今水出县西南百里黑龙洞,东北流,俗称南沙河也。汉水又东,文水南注之。《水经注》:"汉水又东会文水,水即门水也,出胡城北山石穴中。门水右注汉水,谓之高桥溪口。"[24]乐史按《梁州记》云:"范柏年谒宋明帝对曰,臣汉中惟有文川、武乡、廉泉、让水,足以表名。"[25]是此水矣,水出于天台山北,南流迳县西北二十里,玉谷泉注之,又迳三峒谷东南入于汉。汉水又东,黑水注之。郦道元按诸葛亮笺云:"朝发南郑,暮宿黑水。"[26]《括地志》:"黑水源出梁州城固县北太山。"[27]《元和郡县志》:"城固县,黑水出县西北大山,南流入汉。"[28]今水出太白山,山即大山,迳县西北五里也。汉水又东迳县境南,小沙河水北注之,水出县东南一百三十里曹霸林也。汉水又东入洋县界,壻水自城固来。东南注之。《水经注》:"城固县,左谷水出西北,即壻水也,北发听山,山下有穴水,穴水东南历平川中,谓之壻卿,水曰壻水。南历壻卿溪,出山东西流,迳通关势南。壻水东回南转,入汉水,谓之三水口。"[29]《太平寰宇记》:"城固县,壻水在县东九里。"[30]今水出郿县太白山,东南流,迳城固县,北合青溪水,水出马盘山,南流合于壻水也,又南屈东至洋县西入于汉。汉水又东,溢水河南注之。《水经注》:"城固县,汉水又东会益口水,水出北益谷,东南流注于汉水。"[31]今水北出秦岭,南流迳县西二十五里,又南入汉水。汉水又东,小沙河水北注之,苧溪水东南注之,水出石子山也。汉水又东,洛谷水合灙谷水南注之,《水经注》:"城固县,汉水又南至灙城南,与洛谷水合,水北出洛谷,谷北通长安,其水南流,右则灙谷水注之,水发西溪,东南流合为一水,乱流,南注汉水。"[32]今洛谷水出县北华阳关南,俗称铁冶河,南流,灙水南注之,《地形志》:"龙亭县有灙水是也。"[33]合流迳灙谷,谷在县北三十里,洛谷水于此与灙水互受通称。《太平寰宇记》:"兴道县,灙谷水,一名骆谷水,在县北三十里者也,又南注于汉水。"[34]汉水又东迳县境南,又东,平溪河南注之,水出龙首山南也。汉水又东,大龙水、小龙水南流注之,水出龙涓谷,俗传张鲁女感孕生二龙之所也。又东迳龙亭山南,山下有蔡伦墓,即《水经注》所说。[35]汉水又东迳小城固南。汉水东历上涛而迳于龙下地名也,有邱郭坟墟,旧说此馆为龙下亭,今山之名是因亭矣。汉水又东,迳真符镇北,故真符县境也。又东,酉水东南注之。《水经注》:"汉水又

《关中水道记》校释

东迳石门滩。东会酉水,水出秦岭酉谷,南历重山与寒泉合。酉水又东注汉,谓之酉口。"[36]《太平寰宇记》:"真符县,寒泉在旧县北八十四里。"[37]今酉水在县东七十里也。汉水又东,大沙河水南出巴山,东流,合东谷河,东北流注之,水疑即鹥水也。郑康成注《尚书》:"安阳有鹥水,其尾入汉。"[38]《地里志》:"安阳,三谷水出西南,北入汉,左谷水出北,南入汉。"[39]左谷水即壻水,而鹥水当是大沙河也,汉安阳今石泉县,洋县则其西境,是亦汉安阳地。郦道元书说此水不详,疑由说误耳。今志家以县东六十里出华阳山之水当之,其水南流,又乖北入之证矣。汉水又东历黄金峡,金水河注之。《元和郡县志》:"黄金水出县西北百亩山黄金谷,南流,又经县西,去县九里。"[40]今水在县东百里,原出秦岭也。汉水又东,子午河入焉。《水经注》:"汉水东合蘧蒢溪口,水北出就谷,在长安西南,其水南流迳巴溪戍西,又东迳阳都坂东。其水南历蘧蒢溪,谓之蘧蒢水,而南流注汉。"[41]今俗称此水为蒲河,出县东北秦岭南流,左则文水注之,右则椒溪水注之。又南迳白河舖,俗名子午河,南流注于汉水。志家以经水当《水经》之蘧蒢水,非也。汉水又东,屈南迳渭门镇北。汉水自城固县汉王城至此,惊湍骇涛,屯激鼓怒,有十六渡四十二滩之名。《水经注》是有石门滩、妫虚滩、猴径滩之目矣。[42]汉水出峡又东南迳西乡县东北,洋河水合木马河入焉。汉水又东,入兴安府石泉县界,北则左溪水注之,南则缯溪北入焉。汉水又东,饶风河南注之。水自西乡县子午河分流,一水名蒲溪河,迳麻子岭东南流,右合麻庄水,左合昝家河注之。饶风河又东南,大霸河左右龙洞沟南注之,水出县西北云雾山也。又有珍珠河,亦出云雾山东北马皇岭,南流迳县西,合饶风河南入于汉。汉水又东,迳县境南,红河南注之,水出县北五攒岭,岭上沙石皆红,是河之名矣。汉水又东,直水自镇安县来南注之。《地形志》:"安康县,有直水。"[43]《水经注》:"汉水又东历敖头,又东合直水,水北出子午谷岩岭下,又南支分,东注旬水。又南迳菈谷下,又东南迳历谷,迳直城西,而南流注汉。"[44]《太平寰宇记》:"汉阴县,直水原出永兴军乾祐县弱岭。"[45]今俗称此水为迟河,一名池河,迟直声之缓急,水出长安县要竹岭,南流至莲花石南入于汉也。汉水屈而南流,大小柳溪水俱东注之,大柳溪水出县南六十里青碥陵也。汉水又东南迳汉阴县界,富水河东北注之,水自石泉县来入汉也。北则大涨河南入焉,水出石家山,南流至渭子溪入汉。汉水又东南,迳紫阳县界,松河合林本河、闹河西流注之。《水经注》:"汉水又东迳晋昌郡之宁都县。"[46]县境松溪口即于此也。汉水又东南,绵鱼河在县西南六十里,合五郎河、白杨河,东流入会漆园河,东流注之。汉水又东南,洒谷河水西南注之,水出县西北七宝山也。汉水又屈东,任河北入焉,水自四川太平县来,东北流,左得王瓜溪。溪本王谷,《水经注》所谓广城县境王谷,谷道南出已獠者也。[47]任河东北流,又右会东西灌河水,又东北,左则西乡之渚河,合小石河东入之,右则昱钟沟西入之。又东北流,左合瓦房沟水入于汉。汉水又东,迳县境南,又东,龙洞沟、紫阳沟俱北注之也。汉水又东,汝河北注之,水出四川太平县界,东西二原夹三尖山,合而北流,入于汉。汉水又东,洞河北注之,水亦出四川太平县界,东西二原合流注于汉也。汉水又东北,入兴安府界,大道河北注之,水在府西南二百二十里,又有小道河北注之,水在府西南一百八十里也。北则蒿坪河南注之,水自紫阳县来,出凤皇山也。又有五堰河南注之,水出凤皇山老龙池也。汉水又东,易家河南流入之,水出王家河也。汉水又东合岚河,《水经注》:"西城县,汉水又东迳岚谷北口,嶂远溪深,涧峡邃密。"[48]今岚水出四川太平县界,北流迳平利县入境,迳马蝗山,香河东北入之,合流,又北入于汉也。汉水又东,吉水北注之。《水经注》谓之太势云,势阻急溪,故亦曰急势也。[49]《九域志》曰:"西城县有吉水。"[50]今水出平利县界岭,北流入于汉。汉水又东,月川自汉阴县来,南入焉。汉水又东迳府境北,黄羊河水北注之,水出平利县西南石梁山,北流,灌溪河西北注之,水出平利县东南女娲山,又合月溪河水,水出平利县北高王山,迳县西合流,月溪即《太平寰宇记》之声水也,[51]又西北,入于黄羊河,北注汉水。汉水又东,神滩河水南注之,水出府牛山东南流,左合离沟水,南入汉水。汉水又东,入洵阳县界,又东,间谷水北流注之,俗称间河也。汉水又东迳县境南,又东,洵水自镇安县来,南注之,《水经注》谓之旬口者也。[52]汉水又东,育溪南注之。《水

《关中水道记》校释

经注》:"西城县,汉水又左得育溪,与晋、洵阳二县,分界于是谷。"[53]《太平寰宇记》:"洵阳县,淯水在县西一百步,自商州上津县来,东注于汉。"[54]今水迳县东百四十里,俗称西义河,南流,别原西南注之,俗称中洞河,合流又南,入于汉,俗谓之蜀河,蜀育声之误也。汉水又东,长利水南注之。《太平寰宇记》:"上津县,长利水,亦名仙水,西北自丰阳县流入均州丰利县界。"[55]今称仙河,自山阳界来,迳县东百八十里入汉也。汉水又东,入白河县界,北则湖北郧西县也,崩头沟水北注之,水西有崩头石名焉。汉水又东,冷水河北注之,水出县西南五条岭,一源出于湖北竹山界岭,合北流,左合漫水河,魏置漫川县,以水名也,冷水当总有漫川之名也,东北流,又左合马庄河,又北,小冷水河北注之,又北入于汉。汉水又东,麒麟沟水北入焉,水出县西流派岭也。汉水又东,麻虎沟水北入焉,水出赵家湾,三原同注,居民引以为堰也。汉水又东,长春涧北注之,水出龙冈山,洞滨涧、普泽泉、普润泉三水俱流,合长春涧,北入于汉也。汉水又东,迳县境北,县故汉锡境。《水经注》:"汉水于此为白石滩也。"[56]白石河北注之,水出黄竹山,山在县西南百二十里,东北流,右合小白石水,又东北,右合厚子河,又左得凉水涧、白崖涧、高名涧水,左会红石河,水出蔓菅岭入白石河,又北入于汉水也,北则甲水南注之,水在郧西县也。汉水又东,沙沟水北注之,又东,出陕西境迳湖北省入于江也。汉水即西汉之下流,孔安国以为漾水东流为沔至汉水为汉水,班固以为出武都者曰沮,自武都受西汉者曰沔,桑钦直以出沮县者为沔者。盖西汉之上原曰漾,沔水之上原曰沮,沔水受漾为汉。《夏书》:"嶓冢导漾。"即是秦州之水,东流为汉,则是汉中之水,又东为沧浪之水,则是湖北之水也,今从班固曰东汉而别著沮水,亦《夏书》之义也。

[1]《尚书·禹贡》载:嶓冢导漾,东流为汉。

[2]《汉书》卷二十八下《地理志下》载:武都,东汉水受氐道水,一名沔。

[3]《史记》卷二《夏本纪》正义:《括地志》云:嶓冢山在梁州金牛县东二十八里。

[4]《魏书》卷一百六下《地形志下》载：嶓冢，有嶓冢山，汉水出焉。

[5]《水经注·漾水》引常璩《华阳国志》载：汉水有二源，东源出武都氐道县漾山为漾水，《禹贡》导漾东流为汉是也。

[6]《水经注·漾水》载：刘澄之云："有水从阿阳县南至梓橦、汉寿入大穴，暗通冈山。郭景纯亦言是矣。冈山穴小，本不容水，水成大泽而流与汉合。庾仲雍又言：汉水自武遂川南入葛蔓谷，越野牛，迳至关城，合西汉水。"

[7]《水经注·漾水》载：通谷水出东北通溪，上承漾水，西南流为西汉水。

[8]《括地志》卷四《利州》载：潜水一名复水，今名龙门水，源出利州绵谷县东龙门山大石穴下。《元和郡县图志》卷二十二《山南道三》载：潜水，出县（绵谷县）东北龙门山。

[9]《太平寰宇记》卷一百三十五《山南道三》载：龙门山，亦名葱岭山。……东山之北有燕子谷。

[10]《水经注·沔水》载：沔水又东迳白马戍南，浕水入焉。水北发武都氐中，南迳张鲁城东。……浕水南流入沔，谓之浕口。

[11]《太平寰宇记》卷一百三十三《山南西道一》载：(西县)浕水原出城北四十五里独石谷，南流经县西二百步，南注汉水。

[12]《太平寰宇记》卷一百三十三引《山南西道一》载：白马山。……又《张衡家传》云："衡于浕口升仙时乘白马，后人遥望山上，往往有白马，因以为名。亦神仙十化之一也。"

[13]《水经注·沔水》载：汉水又左得度口水，出阳平北山，水有二源：一曰清检，出佳鳢；一曰浊检，出好鲋。……度水南迳阳平县故城东，又南迳沔阳县故城东，西南流注于汉水。

[14]《华阳国志》卷二《汉中志》载：沔阳县，州治。有铁官。又有度水，水有二源：一曰清检，二曰浊检。有鱼穴，清水出鳝，浊水出鲋，常以二月、八月取。

[15]《水经注·沔水》载：沔水又东迳西乐城北，城在山上，周三十里，甚险固，城侧有谷，谓之容裘谷。……城东，容裘溪水注之，俗谓之洛水也。水

《关中水道记》校释

南导巴岭山,东北流,……溪水又北迳西乐城东,而北流注于汉。

[16]《水经注·沔水》载:黄沙水左注之,水北出远山,……溪曰五丈溪,水侧有黄沙屯,……其水南注汉水。

[17]《魏书》卷一百六下《地形志下》载:华阳,有黄牛山、廉水、萧何城。

[18]《水经注·沔水》载:有廉水出巴岭山,北流迳廉川,故水得其名矣。廉水又北注汉水。

[19]《元和郡县图志》卷二十二《山南道三》载:巴岭,在县(南郑县)南一百九里。东傍临汉江,与三峡相接。山南即古巴国。

[20]《华阳国志》卷二《汉中志》载:(南郑县)有池水,从旱山来入沔。

[21]《水经注·沔水》载:汉水右合池水,水出旱山,……俗谓之獠子水,夹溉诸田,散流左注汉水。

[22]《水经注·沔水》载:汉水又东得长柳渡,长柳,村名也。汉太尉李固墓,碑铭尚存,文字剥落,不可复识。

[23]《水经注·沔水》载:汉水出于二城之间,右会盘余水,水南出南山巴岭上,泉流两分,飞清派注,南入蜀水,北注汉津,谓之盘余口。

[24]《水经注·沔水》载:汉水又左会文水,水,即门水也,出胡城北山石穴中。……门水右注汉水,谓之高桥溪口。

[25]《太平寰宇记》卷一百三十三《山南西道一》载:文川,《梁州记》云:"范柏年,汉中人,常谒宋明帝,因言及南海贪泉。帝文柏年曰:'卿乡中有此水名否?'柏年对曰:'臣汉中惟有文川、武乡、廉泉、让水,足以表名。'"帝善其对。"

[26]《水经注·沔水》载:诸葛亮笺云:朝发南郑,暮宿黑水,四五十里。

[27]《括地志》卷四《梁州》载:黑水源出梁州城固县西北太山。

[28]《元和郡县图志》卷二十二《山南道三》载:黑水,出县(城固)西北太行山,南流入汉。

[29]《水经注·沔水》载:左谷水出西北,即壻水也。北发听山,山下有穴水,穴水东南流历平川中,谓之壻乡,水曰壻水。……壻水南历壻乡溪,出

山东南流,迳通关势南,……壻水东回南转,又迳其城东而南入汉水,谓之三水口也。

[30]《太平寰宇记》卷一百三十三《山南西道一》载:壻水,在县(城固县)东九里。

[31]《水经注·沔水》载:汉水又东会益口水,出北山益谷,东南流,注于汉水。

[32]《水经注·沔水》载:汉水又南至灙城南,与洛谷水合,水北出洛谷,谷北通长安,其水南流,右则灙谷水注之,水发西溪,东南流,合为一水,乱流南出际其城,西南注汉水。

[33]《魏书》卷一百六下《地形志下》载:龙亭,有安国城、镇势山、灙水。

[34]《太平寰宇记》卷一百三十八《山南西道六》载:傥谷水,一名骆谷水,在县(兴道)北三十里。

[35]雍正《陕西通志》卷八载:(汉水)又东迳龙亭山蔡伦墓南。

[36]《水经注·沔水》载:汉水又东迳石门滩,山峡也。东会酉水,水出北出秦岭酉谷,南历重山与寒泉合。……酉水又南注汉,谓之酉口。

[37]《太平寰宇记》卷一百三十八《山南西道六》载:(真符县)寒泉,在旧县北八十四里。

[38]《古文尚书疏证》卷六下载:梁州之潜,蔡氏既以《地志》宕渠县、安阳县二潜水以解之,宕渠县是已,安阳县今为兴安州汉阴县,孔氏《疏》已引康成《注》,此潜水其尾入汉耳,首不于汉出。

[39]《汉书》卷二十八上《地理志上》载:安阳,篖谷水出西南,北入汉。在谷水出北,南入汉。

[40]《元和郡县图志》卷二十二《山南道三》载:黄金水,出县(黄金县)西北百亩山黄金谷,南流经县西,去县九里。

[41]《水经注·沔水》载:汉水又东合蘧蒢溪口,水北出就谷,在长安西南,其水南流迳巴溪戍西,又南迳阳都坂东,……其水南历蘧蒢溪,谓之蘧蒢水,而南流注于汉,谓之蒢口。

《关中水道记》校释

[42]《水经注·沔水》载:汉水又东迳石门滩,山峡也。……汉水又东迳妫虚滩,……汉水又东迳猴径滩。

[43]《魏书》卷一百六下《地形志下》载:安康,有直水。

[44]《水经注·沔水》载:汉水又东历敖头,……汉水又东合直水,水出子午谷岩岭下,又南枝分,东注旬水。又南迳蕤阁下,……又东南历直谷,迳直城西,而南流注汉。

[45]《太平寰宇记》卷一百四十一《山南西道九》载:直水,源出永兴军乾祐县弱岭姜子关,经县理西,又南注于汉,北流当终南山子午谷路是也。

[46]《水经注·沔水》载:汉水又东迳晋昌郡之宁都县南,县治松溪口。

[47]《水经注·沔水》载:(汉水)又东迳魏兴郡广城县,县治王谷。古道南出巴獠。

[48]《水经注·沔水》载:汉水又东迳岚谷北口,嶂远溪深,涧峡险邃。

[49]《水经注·沔水》载:汉水又东,右得大势,势阻急溪,故亦曰急势也。

[50]《元丰九域志》卷一《京西路》载:西城,有伏羲山、女娲山、洛水、吉水。

[51]《太平寰宇记》卷一百四十一《山南西道九》载:(平利县)八年又移于古声口戌南,声水之东,黄羊水北,即今县也。

[52]《水经注·沔水》载:旬水东南注汉,谓之旬口。

[53]《水经注·沔水》载:汉水又东,左得育溪,兴晋、旬阳二县,分界于是谷。

[54]《太平寰宇记》卷一百四十一《山南西道九》载:淯水,在县(洵阳县)西一百步。自商州上津县来,东流于汉。

[55]《太平寰宇记》卷一百四十一《山南西道九》载:长利水,亦名仙水,西北自丰阳县流入均州丰利县界。

[56]《水经注·沔水》载:汉水又东迳魏兴郡之锡县故城北,为白石滩。

沮　水

　　沮水出陕西汉中府略阳县东北狼谷。桑钦《水经》曰："沔水出武都沮县东狼谷。"[1]《地里志》："武都沮县,沮水出东狼谷。"[2]《元和郡县志》："顺政县,沮水出县东北八十三里。"[3]《太平寰宇记》："顺政县,沔水一名沮水,原出东北十二里小谷下。"[4]今县即唐顺政境。志家云,水出凤县紫柏山也,南流,枝津西出焉,枝津入于故道水,而通于西汉水也。沮水南流,合泉街水。《地里志》："河池县,泉街水南至沮入汉。"[5]《水经注》："沮县,沮水导原南流,泉街水注之。水出河池县,东南流入沮县,会于沔。"[6]《隋书·地里志》："河池县,有泉街水。"[7]今凤县即汉河池县,有水迳略阳县东北至白矾霸入沮,疑即此水也,沮水又南流,入于汉水,而为沔水。

　　[1]《水经·沔水》载:沔水出武都沮县东狼谷中。

　　[2]《汉书》卷二十八下《地理志下》载:沮水出东狼谷,南至沙羡南入江,过郡五,行四千里,荆州川。

　　[3]"八十三里",当为"八十二里"。《元和郡县图志》卷二十二《山南道三》载:沮水,出县(顺政县)东北八十二里。以其初出沮洳然,故名为沮水。

　　[4]"十二里",当为"八十二里"。《太平寰宇记》卷一百三十五《山南西道三》载:沔水,一名沮水,源出县(顺政县)东北八十二里小谷下。

　　[5]《汉书》卷二十八下《地理志下》载:(河池县)泉街水南至沮入汉,行五百二十里。

　　[6]《水经注·沔水》载:(沔水)导源南流,泉街水注之。水出河池县。东南流入沮县,会于沔。

　　[7]《隋书》卷二十九《地理志上》载:河池,……有泉街水。

《关中水道记》校释

褒　　水

褒水出陕西凤翔府郿县太白山西奥山。《地里志》:"武功县,褒水出衙岭山,至南郑入沔。"[1]《水经注》:"褒水西北出衙岭山,东南迳大石门,历故栈道下谷。"[2]《太平寰宇记》:"褒城县,褒水原出县西衙岭山。"[3]斜水与褒水同原而派分,今衙岭失其故名,山自郿县来,俗亦名此水为虢川也,西南流迳宝鸡县金牙关南,又迳进口关,入凤县界,俗称紫金河,右则车到河,合蒿霸河南注之,又西南,武关河东注之。《水经注》:"褒水迳三交城,一水北出长安,一水西北出仇池,一水东北出太白山。"[4]武关水即所云出仇池者也,水自凤县迳武休关合于褒水。褒水又南,入褒城县界,右合寒溪水,水出马道驿西山峡中,东流合北叉河、西河至樊桥入褒水。褒水又南,青桥河东注之。又南,丙水入焉,水出县北云雾山,东流迳牛头山,东南流入褒水。《水经注》:"褒水东南得丙水口,水上承丙穴,下注褒水。"[5]《太平寰宇记》:"褒城县,丙水,出县西北牛头山。"[6]即此水也,俗称沙河水。褒水又南历褒谷,《水经注》:"褒水东南历小石门,又东南历褒口。"[7]《史记正义》:"褒谷在梁州褒城县北五里南中山。"[8]《元和郡县志》:"褒城县,褒谷在县北五里。"[9]今谷在县东北十里,自此入连云栈西北一百五十里入凤县界,又二百二十里,抵郿县斜谷,今亦谓之南谷,所谓南口曰褒者也。褒水又经县境东县故汉境,古之褒国,水以名焉。按,《山海经》:"南山西一百八十里曰大时之山,涔水出焉,北注于渭,清水出焉,南流注于汉水。"[10]今太白山在南山东,褒水南入汉,斜水北入渭,知山即《山海经》之大时,褒水即清水也,考验川流,更符古证,盖清水古名,褒水以国,是在商周之间矣。又东南至南郑县界入于汉水。

[1]《汉书》卷二十八上《地理志上》载:(武功)斜水出衙岭山北,至郿入渭。褒水亦出衙岭,至南郑入沔。

· 114 ·

[2]《水经注·沔水》载:汉水又东合褒水,水西北出衙岭山,东南迳大石门,历故栈道下谷。

[3]《太平寰宇记》卷一百三十三《山南西道一》载:衙岭山,在县西北九十八里褒水源出此山,至县理(褒城县)东注汉水。

[4]《水经注·沔水》载:褒水又东南三交城,城在三水之会故也。一水北出长安,一水西北出仇池,一水东北出太白山。

[5]《水经注·沔水》载:褒水又东南得丙水口,水上承丙穴,……穴口向丙,故曰丙穴,下注褒水。

[6]《太平寰宇记》卷一百三十三《山南西道一》载:丙水,源出县(褒城县)西北牛头山。

[7]《水经注·沔水》载:褒水又东南历小石门,……褒水又东南历褒口。

[8]"五里",当为"五十里"。《史记》卷五十五《留侯世家》正义引《括地志》载:褒谷,在梁州褒城县北五十里南中山。

[9]《元和郡县图志》卷二十二《山南道三》载:褒谷山,在县(褒城县)北五里。

[10]《山海经·西山经》载:(南山)又西百八十里,曰大时之山,……涔水出焉,北流注于渭,清水出焉,南流注于汉水。

洋　　水

洋水出陕西汉中府西乡县星子山。《水经注》:"洋水导原巴山,东北流迳平阳城。洋川者,戚夫人所生处也。"[1]《隋书·地里志》:"西乡县有洋水。"[2]《太平寰宇记》:"西乡县,洋水出废洋川县巴岭,郡因此水为名。"[3]水出今星子岭,岭亦巴山也,西南即四川界。水出而北流,一原自金竹山来合之,俗以为七十二度水也,合北流,撩旗河东北注之。世传唐明皇幸蜀,军士于此队旗焉,非所详也。又北,大竹河北注之,水出龙泉,东流入洋水。洋

《关中水道记》校释

水又左合杨家河水,又左合西龙溪水,又左合东流溪水,又迳县境东,马原水东北注之,水出县西南大巴山。王象之《舆地纪胜》案《图经》云:"马原水原名木马水,天宝间改名也。"[4]东北流,左合私陀河,河自城固县山河流来,入马原水。右合左西河水,水出巴山。马原水又东北合空渠水,又东三里河南入焉。又东迳县境南,受县北寺溪河水,北与洋水合。洋水又东北,清凉川南注之。唐德宗幸梁、洋,山南节度使严震具军容迎谒于清凉川,即此也。洋水又东,神溪河合桃溪河来东注之。又东,高川水北注之。洋水又东,入于汉水。《水经注》:"汉水又东,右会洋水,川流漫阔,广几里许,谓之阳城水口者也。"[5]

[1]《水经注·沔水》载:洋水导源巴山,东北流迳平阳城,……洋川者,汉戚夫人之所生处也。

[2]《隋书》卷二十九《地理志上》载:西乡,有洋水。

[3]《太平寰宇记》卷一百三十八《山南西道六》载:洋水,出废洋川县东巴岭。……郡因此水称名。

[4]《舆地纪胜》卷一百九十《洋州》载:马源水,在西乡县,出巴山。《图经》云:元是木马水,天宝间制改为马源水,上有山如马之状,因以名之。

[5]《水经注·沔水》载:洋水又东北流入汉,谓之城阳水口也。

月川水

月川水,出陕西兴安府境汉阴西分水岭。《唐书·地里志》:"汉阴西有月川水。"[1]《太平寰宇记》:"汉阴县,梁门山在今县东十八里(疑当作西),即月川水之原也。"[2]今分水岭在县西三十里,月川水出而东流,山溪河水出白家岭北流,合墩溪河水北注之,北则沐浴河,水出大行山来流注之,次则梨园河,水出石门山南注之。月川又东,观音水出马皇岭南注之,月川屈南迳县境南,板谷河水出南沟北注之,次东,卢谷沟出凤山北注之,次东,铁溪河北注之。月川又东,池龙沟南注之,南则尹家沟出大县岩北注之。月川又东,钟河出县北瘦驴岭南流,青泥河自柳林山南注之,钟河又南,添水出洞沟西南注之,合流又南入月川,月川又右得龙王沟水,次则蒲溪河北注之。月川又东,左得花乳沟,右得花石河水,东流入兴安府界,水北有月岭山,《水经注》所谓汉水右对月谷山,有月阪有月川者也。[3]又东,恒河水南注之,水出牛头山,自汉阴界来,右合黑河水,曲折南行榛薄中三百余里,南入月川。月川又东,傅家河水出王莽山,南注之,合流入于汉水。月川自汉阴县至兴安府居人引以灌溉,于中黄壤沃衍,桑麻列植,不异道元所说。昔孟达与诸葛亮书,善其川土沃善,验之土俗,其信有矣。

[1]《新唐书》卷四十《地理志》载:汉阴,西有方山关,贞观十二年置,月川水有金。

[2]《太平寰宇记》卷一百四十一《山南西道九》载:(汉阴县)梁门山,在今县东十八里。即月川水之源也。

[3]《水经注·沔水》载:汉水右对月谷口,山有坂月川,于中黄壤沃衍,而桑麻列植,佳饶水田。故孟达与诸葛亮书,善其川土沃美也。

间谷水

间谷水,出陕西兴安府洵阳县西南连岭山。《太平寰宇记》:"洵阳县,洞水在县西二十七里,一名间谷水,北注于汉。其间字亦为驴字。"[1]今连岭山在县南百五十里,接平利界,水出而东流,俗称驴河也,屈北,金水西注之,西则邪河水东入焉,次北,孟家河水东注之。间谷水又东,平定河水自小水沟西注之,又北入于汉水也。

《关中水道记》校释

[1]《太平寰宇记》卷一百四十一《山南西道九》载:(洵阳县)洞水,在县西二十七里,一名闾谷水,北注于汉。其"闾"字亦为"驴"字。

旬　水

旬水,出陕西商州镇安县北。《地里志》:"旬阳北山,旬水所出。"[1]《水经注》:"旬水北出洵山,南迳平阳戍,下与直水枝分。"[2]《隋书·地里志》:"丰阳县有旬水。"[3]《长安志》:"洵河出万年长安两县界秦岭下,南流迳县入金州洵阳县。"[4]今水出县北西安府长安县江口,南流至卢家寺入县境,东南流,孝义川西南注之,水出咸宁县沙岭,亦名校尉川也。洵水又东南,小任河水东注之,又东南,大任河水东注之,水出张家坪也。《水经注》言旬水与直水枝分。[5]今直水在旬水西,而无枝合之水也。旬水又东入洵阳县界,柞水西南注之。《水经注》:"洵水迳洵阳县与柞水合,水西出柞溪。"[6]《长安志》:"乾祐县,柞水出万年县界秦岭。"[7]今水出咸宁县界秦岭,至旧县关入镇安县境南流,右会蕰水。《长安志》:"乾祐县,蕰水在县西南七里,出考山,下流入柞河。"[8]今山在县西北百七十里也。柞水又南,右合纸桥沟水,水在县北三十里。柞水又迳县境东,镇安河东注之,水出县西北西王谷,东南流迳云盖寺,俗名云盖川,又迳县南,东注于柞水。柞水又南入洵阳界,又西南至两河关,合于旬水。旬水又南,乾溪河东南注之,水出狮子岭也,东则冷水河,西南注之,水出镇安县东龙渠川,南流,永安河出分水岭东南注之,合流入洵阳县界,西南注于旬水。旬水又南,屈东迳县境北。《水经注》旬水经县南,今经其北,盖境移于南也。《水经注》又说县北山有县书崖,高五十丈,刻石作字,人不能上,不知所道。山下有石坛,上有马迹五所,名曰马迹山。[9]今悉失其故名,考验川原则,俗所称羊山者,真县书崖也,山在县北四十里,马迹之峰意其连麓矣。旬水又南入于汉。

[1]《汉书》卷二十八上《地理志上》载:(旬阳)北山,旬水所出,南入沔。

[2]《水经注·沔水》载:汉水又东合旬水,水北出旬山,东南流迳平阳戍下,与直水枝分东注。

[3]《隋书》卷二十九《地理志上》载:洵阳,有洵水。

[4]《长安志》卷十七载:洵河,在县(乾佑县)西南一百里。出万年、长安两县界秦岭下,南流迳县入金州洵阳县。

[5]《水经注·沔水》载:汉水又东与合旬水,水北出旬山,东南流迳平阳戍下,与直水枝分东注。

[6]《水经注·沔水》载:汉水又东南迳旬阳县与柞水合,水西出柞溪。

[7]《长安志》卷十七载:柞水,在县(乾佑县)东五里,出万年县界秦岭,下流入金州洵阳县界。

[8]《长安志》卷十七载:蕴水,在县(乾佑县)西南七里,出考山,下流入柞河。

[9]《水经注·沔水》载:旬水又东南迳旬阳县南,县北有悬书崖,高五十丈,刻石作字,人不能上,不知所道。山下有石坛,上有马迹五所,名曰马迹山。

甲　水

甲水出陕西商州西秦岭。《地里志》:"上洛甲水出秦岭山,东南至锡入沔。"[1]《水经注》:"甲水出秦岭山,东南流迳金井城南。"[2]今水出县西南秦岭,岭去州百里。《太平寰宇记》所谓上洛县秦岭山在西南一百里,高九百五十丈者也。[3]水出而东南流,俗称金井河。《水经注》所谓迳金井城者,[4]今城废而名存矣。甲水又东南入镇安县界,社川河水东注之,水出县东北马儿

《关中水道记》校释

峡,东南流入甲水。甲水又东南入山阳县界,《水经注》:"甲水迳上庸郡北。"[5]魏《地形志》:"上庸郡,治丰阳。"[6]隋《地里志》:"丰阳有甲水"[7]即今县境是也,姬家河水自镇安界来东入之。甲水又东南,花河水东注之,水出兴安府镇安县,东南有石隥数十级,水激湍涌,有若花状,俗以名焉,东北流,合秋林川,又东北入县界,迳九里坪,北入于甲水。甲水又东南,牛耳川水南注之,水出太白山也。甲水又东南,与关枎水会,水出商州西南安武山。《水经注》:"关枎水出上洛阳亭县北青泥西山,南迳阳亭聚西,俗谓之阳平水。"[8]今水出安武山,俗称色河,东流屈南,入山阳县界,县北有阳亭聚存焉,南流迳县境西与樱谷水合,水西出樱谷,谷去县七十里,其水东南入关枎水,关枎水又南,左合丰乡川水。《水经注》:"丰乡川水出宏农丰乡东山。"[9]今水出县东北圈岭,《地形志》之所谓丰阳有圈地,[10]岭名或以是矣,其水出而西南流,迳县境南。《水经注》:"丰川水西南流迳丰乡故城南",《春秋》所谓丰析,[11]今水迳县南,县即古丰析矣,其水又西,右得西河水,按,《太平寰宇记》:丰阳县上留交水,在县西三里,南流入皮谷口。[12]今此水在县西三里,当即是也。丰川水又西,桐谷水自商州黑山南来注之。丰川水又西南入关枎水,关枎水又东南入于甲水。甲水又东南迳丰阳关,箭河水东注之,水在县南百十里,东流左合山,东入于甲水。甲水又东南入湖北郧西县界,至甲河关入于汉也。

[1]《汉书》卷二十八上《地理志上》载:(上洛)又有甲水,出秦岭山,东南至锡入沔。

[2]《水经注·沔水》载:汉水又东合甲水口,水出秦岭山,东南流迳金井城南。

[3]《太平寰宇记》卷一百四十一《山南西道九》载:(上洛县)秦岭山,在县西南一百里,高九百五十丈。

[4]《水经注·沔水》载:汉水又东合甲水口,水出秦岭山,东南流迳金井城南。

[5]《水经注·沔水》载:(甲水)又东迳上庸郡北。

[6]《魏书》卷一百六下《地形志下》载:上庸郡,丰阳,郡治,太安二年置。

[7]《隋书》卷三十《地理志下》载:(丰阳)有洵水、甲水。

[8]《水经注·沔水》载:(关袱)水出上洛阳亭县北青泥西山,南迳阳亭聚西,俗谓之平阳水。

[9]《水经注·沔水》载:(丰乡川)水出弘农丰乡东山。

[10]《魏书》卷一百六下《地形志下》载:上庸郡,丰阳,郡治,太安二年置,有圈地。

[11]《水经注·沔水》载:(丰乡川水)西南流迳丰乡故城南。京相璠曰:南阳淅县有故酆乡,《春秋》所谓丰淅也。于《地理志》属弘农。今属南乡。

[12]《太平寰宇记》卷一百四十一《山南西道九》载:上留交水,在县(丰阳)西三里,南流入皮谷水合。

洛　水

洛水,出陕西商州雒南县西北冢岭山。《夏书》:"导洛自熊耳。"[1]《周礼》:"豫州,其浸荥洛。"[2]《春秋说题辞》曰:"洛之为言绎也,言水绎绎光耀也。"[3]桑钦《水经》云:"出京兆上洛县讙举山。"[4]《海内东经》曰:"出上洛西山。"[5]《地里志》曰:"上洛《禹贡》洛水出冢岭山。"[6]今水出县西北冢岭山,俗名此为洛水泉,在西安府渭南县境东流五里入县境。丹水注之,今俗以为地画又水也。案,《山海经》:"竹山之阳丹水出焉,东南流注于洛水。"[7]《水经注》:"洛水东与丹水合,水出西北竹山,东南流注于洛。"[8]《太平寰宇记》:"郑县,竹山在县西南一百四十里。"[9]今竹山在商州西北二百里,此水

《关中水道记》校释

自渭南界来合于洛,则是《山海经》之丹水,无疑也。洛水又东南,尸水注之。《山海经》:"尸山,尸水出焉,南流注于洛水。"[10]《水经注》:"上县,洛水又东,尸水注之,水北发尸山,南流入洛。"[11] 金水出金堆城,俗称阶谷川,迳蒋家沟入洛也。洛水又东南,乳水南注之。《山海经》:"尸山东十里,曰良余山,乳水出于其阳。"[12]《水经注》:"上洛县,洛水又东得乳水。"[13]《太平寰宇记》:"华阴县,余粮山在县西南三十里。"[14] 今县北则华阴界,有水名构谷川,南流至保定村入洛。楚人言构乳声相近,疑即乳水也。洛水又东南,《山海经》《水经注》:"洛水于此会龙余之水,水出虫尾山。"[15] 今不详所在也。又东迳杨虚之山,元扈之水东北注之。《山海经》:"杨虚之山临于元扈之水,是为洛内。"[16] 又曰:"洛水东北流,注于元扈之水。"[17]《水经注》:"上洛县,洛水东至杨虚山,合元扈之水,其水迳于杨虚之下。"[18] 今水出县西八十里山阴,俗称黑潭水,东流迳杨虚山南入洛也。洛水又东,文谷川南注之,水出华州金堆城,迳书堂山,西入洛。洛水又东,迳县境北,鱼难水南注之,俗名石门川也。《太平寰宇记》:"洛南县,鱼难水在县北十里,鱼难水又南流,经石门入洛。"[19] 今石门在县北十里,有水出鱼难山,俗名黄龙山,南流,西合麻坪川入于洛也。洛水又东,屈南迳县境东,武里水南出武里山,迳县南东北注之,俗称县河也。洛水又东,门水出焉。《水经注》:"洛水于拒扬城西北,分为二水,枝渠东出为门水也。"[20]《山海经》:"门水出于河七百里入洛水。"[21] 今无水以应之也。洛水又东,沙河水北注之,水出县东南鹿池,北注于洛。洛水又东,要水北注之。《水经注》:"上洛县,洛水又东,要水入焉,水南出三要山,东北迳拒扬城西,而东北流入于洛。"[22] 山在今县东南六十里,其水东流屈北,俗亦称故县川也,北则泰谷河南流入焉,水出县东北泰谷,《太平寰宇记》之大谷龙龛山也,[23] 南流左受架路常水,右受桑坪水,迳石家舖,东入于洛,俗亦名苇坪河也。洛水又东,文谷河水南注之,水出县东北扇车谷入于洛。洛水又东,灵泉山水出焉,水在县东南百二十里,是乡之民祷雨辄应,用有其名焉。洛水又东,西谷河南注之,水出卢灵关,经黄龛南入洛也。洛水南则乾涧水北注之,水自县东南莽岭北流,伏行地中八里,至云显山复出,东北流,注于洛。按,《水经注》:"上洛县,洛水又东,与获水合,水南出获舆山,俗谓之备水,东北迳获舆川,世名之为邹州,东北流注于洛。"[24] 今乾涧水在县东南百二十里,当即古之获水也,莽领疑亦获舆山也。洛水又东,迳熊耳山北,入河南卢氏县界,山连亘荀渠山,洛水出其间,《夏书》言导洛于此,郭璞说《山海经》导言时有壅塞,[25] 故利导以通之,不谓原出是山也,而高诱因淮南洛出熊耳之言,[26] 遂以熊耳为在京师上洛县西北,非也,又迳河南府至巩县,北入于河。

[1]《尚书·禹贡》载:导洛自熊耳,东北会于涧、瀍,又东会于伊,又东北入于河。

[2]《周礼·夏官·职方氏》载:河南曰豫州,……其川荧洛,其浸波溠。

[3]《初学记》卷六《洛水》引《春秋说题辞》:洛之为言绎也,言水绎绎光耀也。

[4]《水经注·洛水》载:洛水出京兆尹上洛县讙举山。

[5]《山海经·海内东经》载:洛水出洛西山。

[6]《汉书》卷二十八上《地理志上》载:(上洛)《禹贡》洛水出冢岭山。

[7]《山海经·西山经》载:丹水出焉,东南流注于洛水。

[8]《水经注·洛水》引《山海经》载:讙举之山,洛水出焉,东与丹水合,水出西北竹山,东南流注于洛。

[9]《太平寰宇记》卷二十九《关西道五》载:竹山,在(郑县)县西南一百四十里。

[10]《山海经·中山经》载:尸水出焉,南流注于洛水。

[11]《水经注·洛水》载:洛水又东,尸水注之,水北发尸山,南流入洛。

[12]《山海经·中山经》载:(尸山)又东十里,曰良余之山,……乳水出于其阳。

[13]《水经注·洛水》载:洛水又东得乳水,水北出良余山,南流注于洛。

[14]《太平寰宇记》卷二十九《关西道五》载:粮余山,在县(华阴县)西

《关中水道记》校释

南三十里。

[15]《山海经·中山经》载:龙余之水出焉,而东南流注于洛。《水经注·洛水》载:洛水又东会于龙余之水,水出虫尾之山,东流入洛。

[16]《水经注·洛水》引《山海经》载:阳虚之山,临于玄扈之水,是为洛汭。《山海经·中山经》载:阳虚之山,……临于玄扈之水。

[17]《山海经·中山经》载:洛水出焉,而东北流注于玄扈之水。

[18]《水经注·洛水》载:洛水又东至阳虚山,合玄扈之水。……其水迳于阳虚之下。

[19]"十里",当为"八十里"。《太平寰宇记》卷一百四十一《山南西道九》载:鱼难水,在县(洛南县)北八十里。……又南流经石门入洛。

[20]《水经注·河水》载:洛水自上洛县东北,于拒阳城西北,分为二水,枝渠东北出,为门水也。

[21]《山海经·中山经》载:门水出于河,七百九十里入洛水。

[22]《水经注·洛水》载:洛水又东,要水入焉。水南出三要山,东北迳拒阳城西,而东北流入于洛。

[23]《太平寰宇记》卷一百四十一《山南西道九》载:大谷龙龛山,在县(洛南县)东北八十里。

[24]《水经注·洛水》载:洛水又东与获水合,水南出获舆山,俗谓之备水也。东北迳获舆川,世名之为舆川,东北流,注于洛。

[25]《山海经·海外北经》载:郭璞曰:"河出昆仑而潜行地下,至葱岭复出,注盐泽,从盐泽复行南出于此山而为中国河,遂注海也。"《书》曰:"导河积石。"言时有壅塞,故导利以通之。

[26]《淮南子·墬形训》载:洛出熊耳。

武里水

武里水,出陕西商州雒南县西南。《水经注》:"上洛县洛水又东历清池山,东合武里水,水南出武里山,东北流注于洛。"[1]今水出县西南四十里,俗称县河,东流。秦王川东入焉,又称黄柏川也。武里水又东,大渠川北注之,水出凤皇山,迳柳林铺,西入武里水,在县西南十里。次东,小渠川北注之,水出凤皇山,屈西绕呼雷山入武里水。武里水又东迳县境南,又东,南川北注之,水出中干山,迳龙山西入武里水。武里水又东北,合东川水,水出中干山,合东西窄口,水出武里山。武里水又东北入于洛也。按,《水经注》则自峰陵山以南之峰皆清池山,自状头山以西之峰皆武里山,俗人好异,多更其故名也。今商州境界簿言州北五十里安山即清池山,然非洛水所历也。

[1]《水经注·洛水》载:洛水又东历清池山,东合武里水,水南出武里山,东北流注于洛。

丹　水

丹水,出陕西商州西北冢岭山。《吕氏春秋》曰:"尧有丹水之战以服南蛮。"[1]桑钦《水经》:"丹水出京兆上洛县西北冢岭山。"[2]《地形志》:"上洛县有丹水。"[3]今冢岭山在州西北百二十里,水出其南,俗称息邪涧,东流。黑龙谷水南注之,水出蓝田界。次东,洪门河水南注之。又东南,泥谷河水合蒲叉沟水东流入之。丹水东流,清池水南入焉。《水经注》:"上洛县丹水

《关中水道记》校释

东南流与清池水合。"[4]今俗称水道河也。丹水又东,迳胭脂关南,构谷河南入焉,水在县西八里。丹水又东,迳州境南,州故春秋上洛地,《地道记》曰:"郡在洛上,故以为名也。"[5]楚水自西南楚山北注之,水在县南五里也,北则东谷溪水南注之,在县东北五里。丹水又东流,谷水北注之,水出刘领也,次东张谷河水北注之,水出张谷也,北则亢谷河水南注之,水出州东三十里亢谷。丹水又东,张村河水南注之,次东,大张家河水南注之,水自北山古峰寺分流,南入丹水。丹水又屈南,龙潭水北入焉,水出州东南五十里仰天池,其一水分流入山阳境也。丹水又东,会谷河水南注之。丹水又东南,则涝谷河也北注之,《商州境界簿》云:"水自岭上分流为三支,北流入州河,西流经君子涧,东流通马鹿坪,并入山阳境也。"丹水又东,恨谷河水南注之,水自岭上分流,一水入洛南境也,南则洛谷河水北注之。丹水又东,商洛川北注之。《太平寰宇记》:"商洛县商洛川在县东八里",[6]今俗曰太谷河也。丹水又东,迳商洛镇南,水北则四皓墓也,镇故汉商县境,古商国,帝喾之子所封,春秋以为商于之地矣,隋于此置县也,北则老君河水南注之,水出老君河也。丹水又东,背谷河水南注之,水东有龙驹寨,亦名龙驹寨河,襄阳舟楫之所会也,其南则百顷湾矣,又东,涌谷河水北注之。丹水又东,资谷河水南注之,水出州东百十里资谷,谷故名兔和山,《左传》楚人临上洛,左师军于兔和者也,[7]一水北流入终南境,一水迳资谷铺下十里,入于丹水。丹水又东,铁谷河水南注之,水出铁谷。丹水又东,迳武关南,又东,迳山阳县东北,银花水东来注之,原出圈岭,圈岭在县东二十里。《地形志》云:"丰阳县有圈地",[8]即此岭也,其水东流,合高八店水,又东受中村河,又东迳竹林关入于丹水也。丹水又东,入商南县界,又东,武关河水东南注之,水出商县东南,迳武关西,入丹水也。丹水又东,清油河水西南注之,水出洛南花獐坪,南流迳县西入丹水也。丹水又东,屈南,沐浴河水南注之,水出河南卢氏县界领,南流五里入境,又南,屈西,右合宝于河,又西迳县南,又合索谷河,西流注于丹水。丹水又南,商河水东注之。丹水又东南,出陕西境,迳河南淅川县合于均。丹水自龙驹寨至此,重厓激流,水石参阻,千名之滩,咸处其内,往往冲舟毁楫。然关中乞籴荆豫,舟漕所由,省于陆运。是以唐崔湜建言山南可引丹水,通漕至商州,后卒不就,有能修浚此流,亦秦民之利赖矣。

[1]《吕氏春秋·召类》载:尧战于丹水之浦,以服南蛮。
[2]《水经·丹水》载:丹水出京兆上洛县西北冢岭山。
[3]《魏书》卷一百六下《地形志下》载:上洛,有丹水、南秦水。
[4]《水经注·丹水》载:丹水东南流与清池水合,水源东北出清池山,西南流入于丹水。
[5]《水经注·丹水》载:《地道记》曰:郡在洛上,故以为名。
[6]《太平寰宇记》卷一百四十一《山南西道九》载:商洛川,在县(商洛县)东南八里。
[7]《左传·哀公四年》载:(楚人)以临上雒,左师军于菟和。
[8]《魏书》卷一百六下《地形志下》载:上庸郡,丰阳,郡治,太安二年置,有圉地。

清池水

清池水,出陕西商州北清池山。《水经注》:"上洛县,丹水流与清池水合,水源东北出清池山,西南流入于丹水。"[1]又曰:"洛水东历清池山,东合武里水。"[2]今山在州北五十五里,俗亦称安山。案清池山,洛水所历当是洛南县东诸山,而志家以为在此,未详也。《商州境界簿》云:"山下有紫榆涧,清池水所出也,水有数原,一水出扶斗山,俗名大黄川,西南流合小黄川。"又东,紫谷河入之。又东,迳清池山,东一水出辊谷领,东南流,迳清池山,西合大黄水,合流又东,西则大荆川,西荆川西出入大荆镇,东南来合流,又东注之,东则叉口水出药子领,西南入焉。清池水于此俗有水道之名,又东迳板桥铺,屈南,左得桃叉河水,水出万家山,又南,左得十九河水,水出终南松朵

《关中水道记》校释

山也。清池水又经州西二十里入于丹水。

[1]《水经注·丹水》载：丹水东南流与清池水合，水源东北出清池山，西南流入于丹水。

[2]《水经注·洛水》载：洛水又东历清池山，东合武里水，水南出武里山，东北流注于洛。

楚　水

楚水，出陕西商州西南楚山，亦曰南秦水。《魏书·地形志》："上洛县有南秦水。"[1]《水经注》："上洛县洛水东过其县东，楚水注之，水原出上洛县西南楚山。"[2] 今山在州西南九十里，俗以楚山为秦望山，又以为良余山，水曰乳水。按，良余山在华阴，乳水出而南入洛，今山在州南而水北流，其志家相承之谬矣，水自秦望山东流，军领川东注之。楚水又东，上秦川东北注之，水出白石山也，北则五谷河水，出羊谷，东南注之。楚水又东迳高车岭，岭在县西南五里东原，水自南来注之，俗以出楚山为乳水，故以此为楚水也。按，《水经注》云："楚水两原，合会于四皓庙东，又东，翼带众流北转，则此是楚水东原也。楚水合流，又北入于丹水。"[3]

[1]《魏书》卷一百六下《地形志下》载：上洛，有丹水、南秦水。

[2]《水经注·丹水》载：丹水出京兆上洛县西北冢岭山，……东南过其县南。……楚水注之，水源出上洛县西南楚山。

[3]《水经注·丹水》载：（楚水）其水两源合舍于四皓庙东，又东迳高车岭南，翼带众流，北转入丹水。

参考文献

〔春秋〕左丘明撰,杨伯峻编著:《春秋左传注》(修订本),中华书局,1990年。

〔春秋〕左丘明撰,上海师范大学古籍整理组校点:《国语》,上海古籍出版社,1978年。

〔战国〕屈原撰,聂石樵注:《楚辞新注》,商务印书馆,2004年。

〔战国〕吕不韦,〔汉〕高诱注:《吕氏春秋》,上海书店出版社,1986年。

〔汉〕司马迁:《史记》,中华书局,1959年。

〔汉〕班固:《汉书》,中华书局,1962年。

〔汉〕许慎:《说文解字》,中华书局,1963年。

〔汉〕刘安等,〔汉〕高诱注:《淮南子》,上海古籍出版社,1989年。

〔汉〕高诱注:《吕氏春秋》,上海古籍出版社,2014年。

〔汉〕孔安国 传,〔唐〕孔颖达 正义,黄怀信整理:《尚书正义》,上海古籍出版社,2007年。

〔晋〕常璩撰,刘琳校注:《华阳国志校注》,巴蜀书社,1984年。

〔晋〕陈寿:《三国志》,中华书局,1959年。

〔晋〕郭璞注:《穆天子传》,中华书局,1985年。

〔晋〕郭璞注:《尔雅》,上海古籍出版社,2015年。

〔北魏〕郦道元注,陈桥驿校证:《水经注校证》,中华书局,2007年。

〔北魏〕郦道元注,杨守敬、熊会贞疏:《水经注疏》,江苏古籍出版社,1989年。

〔北魏〕杨衒之撰,杨勇校笺:《洛阳伽蓝记校笺》,中华书局,2006年。

《关中水道记》校释

〔北齐〕魏收:《魏书》,中华书局,1974年。

〔南朝·宋〕范晔:《后汉书》,中华书局,1965年。

〔南朝·梁〕沈约:《宋书》,中华书局,1974年。

〔南朝·梁〕萧子显:《南齐书》,中华书局,1972年。

〔南朝·梁〕萧统编,〔唐〕李善注:《文选》,上海古籍出版社,1986年。

〔唐〕长孙无忌等撰,刘俊文点校:《唐律疏议》,中华书局,1983年。

〔唐〕杜佑撰,王文锦等点校:《通典》,中华书局,1988年。

〔唐〕房玄龄等:《晋书》,中华书局,1974年。

〔唐〕李百药:《北齐书》,中华书局,1972年。

〔唐〕李吉甫撰,贺次君点校:《元和郡县图志》,中华书局,1983年。

〔唐〕李延寿:《北史》,中华书局,1974年。

〔唐〕李延寿:《南史》,中华书局,1975年。

〔唐〕李泰等撰,贺次君辑校:《括地志辑校》,中华书局,1980年。

〔唐〕令狐德棻:《周书》,中华书局,1971年。

〔唐〕魏徵等:《隋书》,中华书局,1973年。

〔唐〕徐坚等:《初学记》,中华书局,1962年。

〔唐〕姚思廉:《陈书》,中华书局,1972年。

〔唐〕姚思廉:《梁书》,中华书局,1973年。

〔五代〕刘昫等:《旧唐书》,中华书局,1975年。

〔宋〕欧阳修等:《新唐书》,中华书局,1975年。

〔宋〕乐史撰,王文楚等点校:《太平寰宇记》,中华书局,2007年。

〔宋〕王存撰,魏嵩山、王文楚点校:《元丰九域志》,中华书局,1994年。

〔宋〕宋敏求撰,辛德勇、郎洁点校:《长安志》,三秦出版社,2013年。

〔宋〕祝穆撰,〔宋〕祝洙增订,施和金点校:《方舆胜览》,中华书局,2003年。

〔元〕脱脱:《金史》,中华书局,1975年。

〔元〕刘应李原编,詹有谅改编,郭声波整理:《大元混一方舆胜览》,四川大学出版社,2003 年。

〔清〕王先慎集解,姜俊俊校点:《韩非子》,上海古籍出版社,2015 年。

〔清〕孙诒让撰:《周礼正义》,中华书局,1987 年。

〔清〕胡渭撰,邹逸麟整理:《禹贡锥指》,上海古籍出版社,2006 年。

袁珂校注:《山海经校注》,巴蜀书社,1992 年。

程俊英、蒋见元著:《诗经注析》,中华书局,1991 年。

王文锦译解:《礼记译解》,中书书局,2014 年。